우주론이란 무엇인가

피터 코올즈

송형석 옮김

東文選

우주론이란 무엇인가

Peter Coles

COSMOLOGY
A Very Short Introduction

서 문

이 책은 과학적 우주론의 개념과 방법, 그리고 그 성과에 관한 안내서이다.

우주론에 관해서는, 존재하는 모든 것이 주제가 될 수 있다. 우주는 몹시 거대하거나 아주 자그마한 천문학적 크기를 가진 별들과 은하 무리를 비롯하여, 기본 입자들로 이루어진 미시적 세계를 두루 포함한 존재의 체계로 구성되어 있다. 이러한 존재의 경계들 사이에, 각자의 고유한 물질과 힘을 포함하고 있는 복잡한 체계의 구조와 형태가 놓여 있다. 그리고 이들 존재의 한가운데 우리들 인간이 서 있다.

우주론의 목표는 지금껏 알려진 모든 물리적 현상을 단일한 체계적 틀에 위치시키는 것이다. 이 일은 야심적인 목표이며, 인간의 지식에는 여전히 중대한 틈 내지는 차이가 존재하고 있다. 그럼에도 불구하고 많은 우주학자들이 이러한 현실을 우주론의 '황금시대'로 여기면서 급속한 진전을 이루어 왔다. 이에 관련한 주제들이 어떻게 발전해 왔는지, 그와 더불어 상이한 개념들이 어떻게 이끌어져 나왔는지, 기술의 발달과 더불어서 어떠한 새로운 탐구의 장이 열렸는지 본서에서 필자는 그에 대한 개략적인 역사적 고찰을 취해 보았다.

지금이야말로 이러한 책을 만들어 낼 적당한 시기라고 생각한다. 우주의 모든 존재와 그로부터 방출되는 물질과 힘에 관해서, 나날이 나타나는 일치된 주장들은 어쩌면 인간이 우주에 관한 총체적 이해 가까이 다가서고 있음을 암시하고 있다. 하지만 흥미로운 수수께끼는 사라지지 않고, 역사는 그러하리라 기대했던 것이 대부분 우리를 놀라게 한다는 사실을 말해 주고 있다!

차　례

1

간략한 우주론의 역사

우주론은 물리과학의 새로운 한 가지이다. 이것은 꽤 역설적인 사실이기도 한데, 우주론이 묻고 있는 여러 질문들의 상당수가 이미 오래전부터 인류가 던져 온 것들이기 때문이다. 우주는 무한한 것일까? 그리하여 그것은 영원히 존재할 것인가? 그렇지 않다손 치더라도 우주는 어떻게 존재의 영역으로 들어왔을까? 그것에는 끝이 있을 것인가? 역사 이전의 시기부터 인간은 세계와 그 자신의 관계에 대한 의문에 응하는 수많은 개념의 틀을 구축해 왔다. 최초의 그러한 이론들은 오늘날 우리가 순진하다거나 무의미하다고 간주해 버리는 신화들이었다. 하지만 이러한 원초적인 사고는 세계 내 존재의 한 종으로서, 인류가 한결같이 우주에 관한 사색에 몰두했다는 중요한 사실을 보여 주고 있다. 오늘의 우주학자들은 당시와는 상이한 언어와 상징을 이용하고 있다. 그러나 그들의 동기만큼은 오래전 조상들의 것과 크게 다르지 않다. 필자가 본장에서 다루고 싶은 것은 우주론의 역사적 발전과 함께한 '주제'들을 간략하게 제시하고, 일련의 주된 개념들이 어떻게 진화해 왔는지를 설명하는 일이다. 여기서 다룬 내용들은 보다 자세히 설명할 다음장으로 넘어가기 위한 유용한 도약대가 될 것이다.

신화 속의 우주

　대부분의 초기 우주론은 소위 신인동형동성론이라고 일컫는 것에 기반을 두고 있다. 그것은 인간의 특성에 비추어 볼 때 전혀 인간적이지 않은 해석이기도 하다. 그들 중 어떤 것은 물리적 세계가 인간을 도와 주거나 방해할 수 있는 의지적 존재에 의해 생기를 부여받는다는 개념을 견지하고 있었다. 다른 한편으로 물질계 그 자체는 생기가 없는 것으로서, 유일신 내지는 여러 신들로부터 조종을 당한다는 개념도 지니고 있었다. 어느 편이든지, 신화 창조는 적어도 인간이 동기의 실재를 부분적으로 이해할 수 있는 우주의 기원을 설명하고 있다.

　이 세상에는 각양각색의 신화가 창조되고 있지만, 그것들은 놀랍도록 유사한 면면을 지니고 있기도 하다. 예를 들면 신화 창조자들의 상상력은 종종 당대 최고의 장인의 개념과 일치하곤 한다. 자연적인 세계의 아름다움이 모든 문화권에서 가장 숙련된 예술가의 수공예 작품에 의해 표현되고 있는 것이다. 인간 사회의 점진적인 조직을 비추면서, 혼돈으로부터 질서의 성장을 표현하는 영상이 나타나기도 한다. 한편 이러한 양상과 더불어 나타나는 것이 생물학적 진화 과정으로서의 우주이다. 가장 두드러진 예는, 우주의 형성을 한 개의 알 아니면 씨앗으로부터 끄집어 내는 신화들에게서 엿볼 수 있다.

　이러한 내용들을 바빌로니아판 〈창세기〉라고 할 수 있는 《에누마 엘리시》에서 찾아볼 수 있다. 이 신화의 탄생은 기원전 1450

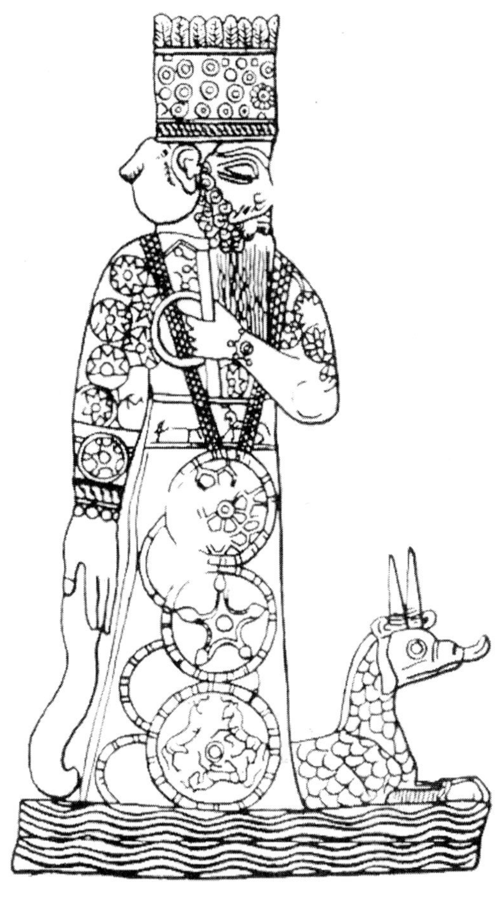

1) 바빌로니아의 신 마르두크. 마르두크는 티아마트를 정복한 후에 우주의 질서를 바로잡는 명예로운 임무를 건네받았다. 태곳적 혼돈의 화신이었던 티아마트가 마르두크의 발치에서 용의 뿔 형상으로 앉아 있다. 전세계에 두루 걸쳐 있는 수많은 신화학자들 거의 모두가 혼돈으로부터 질서가 생겨났다는 개념에 동의하고 있다. 이 개념은 현대 과학 우주론의 어떤 국면들에 생기를 불어넣었던 것이 사실이다.

년경으로 추정되지만, 아마도 그보다 훨씬 오래전의 수메르인의 기록에 기원을 두고 있는 것으로 여겨진다. 신화의 내용에 의하면, 원시적인 무질서의 상태는 바다에서 비롯한다. 세상의 근본적인 요소라고 할 수 있는 하늘 및 수평선을 대표하는 신들이 바다로부터 나타났다는 것이다. 이들 신성한 신들 중에서 마르두크와 티아마트가 다툰 결과, 바다의 신이었던 티아마트가 패배하여 죽음을 당하였다. 마르두크는 그녀의 몸에서 지구를 만들어 냈다.

중국도 역시 흥미로운 회화를 보여 주고 있다. 그것들 중에 **반고(盤古)**라는 거인이 나타난다. 설화에 의하면, 우주는 거대한 알로부터 시작되었다. 알 속에서 수천 년 동안 거인이 잠자고 있었는데, 그 거인이 마침내 잠에서 깨어나 껍질을 깨고 자유로운 세상으로 나왔다는 것이다. 거인은 바깥 세상으로 나오면서 알 껍데기를 천지 사방에 흩뜨려 놓았다. 그 결과 가볍고 순수한 조각들은 위로 솟구쳐 올라가서 하늘을 이루었고, 무겁고 불순한 조각들은 아래편으로 떨어져서 지구를 이루었다. 판구는 손을 치켜들고 하늘을 받치면서, 발로는 지구를 딛고 서 있게 되었다. 하늘이 높이 떠오를수록, 거인은 지구를 지탱하기 위해서 점점 더 키가 자라지 않으면 안 되었다. 마침내 판구는 죽어 버리고 말았다. 하지만 그의 몸은 각 부분이 좋은 용도로 쓰이게 되었다. 그의 왼쪽 눈은 태양이 되었으며, 오른쪽 눈은 달이 되었다. 그의 땀방울들은 빗물이 되었고, 머리털은 지상의 초목이 되었으며, 뼈는 바위로 변했다.

다양한 문화가 존재하는 한 창조에 관한 다양한 전설이 존재한다. 여기서 그 모든 것을 나열할 수는 없다. 하지만 한 가지 지적

하고 싶은 것은, 아프리카인·아시아인·유럽인·아메리카인 어느 종족이건간에 그들의 신화는 실로 여러 면에서 놀랍도록 닮아 있다는 것이다.

그리스인

서구 세계의 과학은 그리스에 뿌리를 두고 있다. 물론 그리스 사람들은 그들의 고유한 신들과 신화를 갖고 있었다. 그렇기는 해도 대다수는 이웃한 문화권에서 빌려 온 것이었다. 하지만 그들은 전통적인 내용들을 따라가면서 과학적 탐구를 위한 기본 체계를 열기 시작하였다. 현재의 과학 이론에 있어서도 여전히 근본적인 질문으로 남아 있는 원인과 결과에 대한 정의가 그리스인들에게 과제로 던져졌다. 또한 그들은 관찰한 현상을 적고 설명하는 데 있어서, 신인동형동성론보다도 수리적이거나 지리적인 용어로써 표현할 수 있음을 자각했다.

우주론은 탈레스(기원전 625-547)와 아낙시만드로스(기원전 610-540)를 통해 유명해진 이성적 사유의 틀 안에서 인식 가능한 과학 이론으로 대두되기 시작했다. 우주론이라는 용어 코스몰로지는 질서 정연한 체계를 갖춘 세상 일체를 의미하는 코스모스라는 그리스어로부터 생겨난 것이었다. 질서의 개념은 일체의 개념만큼이나 중요했는데, 그리스인들에게 코스모스의 반대는 곧 카오스 혹은 혼돈이었던 까닭이다. 기원전 6세기 무렵에 피타고라스학파는 숫자와 기하학을 모든 자연적인 존재의 근간으로 여겼다. 수학적 이성의 도래와, 논리와 이성을 통해 물리적 세계를 인식할 수 있다는 믿음이 인류사에 과학 시대의 문을 열어 놓았다. 플라톤(기원전 427-348)은 우주의 창조에 관한 완성된 개념을 설명했는데, 물리적인 현실계는 신성한 데미우르고스가 창조한 세상으로서, 이데아 내지는 이상의 세계에서나 존재하는 순수한 존재의 불완전한 반영에 지나지 않는다는 것이다. 그리하여 물질계는 변하게 되어 있는 반면, 이상 세계는 영원불변한 것이다.

플라톤의 제자였던 아리스토텔레스(기원전 384-322)는 스승의 개념을 바탕으로 아득한 별과 행성들이 완벽한 원운동을 하고 있는 세상의 그림을 보여 주었다. 그에 의하면 원운동은 신성한 기하학의 표시였다. 아리스토텔레스의 우주는 지구를 중심으로 한 천구였다. 달까지의 천구는 플라톤이 주장한 불완전한 현실계로서의, 변화가 지배하는 세상이었으며, 이 경계 너머에서 천체는 자신의 이상적인 원운동을 하고 있었다. 이러한 견해는 중세기에 이르기까지 서구 유럽 사회를 지배했다. 그러나 완전한 원운동의 개념은 바빌로니아인과 이집트인들이 성취한 갖가지의 천문학 성과들을 바탕으로 그리스인들이 모아 놓은 천문학 정보의 점증하는 양을 한꺼번에 해석하고 풀이할 수 없었다. 비록 아리스토텔레스는 순수한 사유와 마찬가지로 관찰만으로 우주를 이해할 수 있다는 가능성을 강조했지만, 이러한 생각이 구체화된 것은 프톨레마이오스가 천문지리 연대기인 《알마게스트》를 편찬했던 서기 2세기에 들어서였다. 프톨레마이오스는 수집할 수 있는 모든 정보와 일치하는 완전한 수학적 모델로서의 우주를 보여 주고자 했다.

문예부흥기

그리스인들이 성취한 우주론에 관한 수많은 지식은 암흑의 시대 동안 기독교 문화에 의해 탈취되고 상실되었다. 그럼에도 불구하고 그것은 이슬람 문화권에서 생존할 수 있었다. 결과적으로 중세 유럽의 우주관은 상대적으로 위축될 수밖에 없었다. 토마스 아퀴나스(1225-74)는 아리스토텔레스의 이데아 개념에 사로잡혀 있었다. 당시 프톨레마이오스의 《알마게스트》를 제외하고 플라톤의 저서들은 라틴어로 번역되어 있던 덕택이었다. 아퀴나스는 장차 16세기 및 17세기에 이르러 서구 유럽 사회를 지배하게 될 관념, 즉 기독교와 이교적 우주관의 종합을 추구하였다.

아리스토텔레스의 우주관의 덮개를 벗어 버린 공로는 흔히 니콜라우스 코페르니쿠스(1473-1543)에게 돌아간다. 프톨레마이오스의 《알마게스트》는 완벽한 이론이긴 했다. 하지만 그것은 제각각의 행성의 운동을 표시하기 위한 각자 다른 수학 공식을 도입해야 했고, 결과적으로 전체적으로 단일화시킨 체계를 표시해 내지 못하였다. 그의 이론은 천체의 운동 현상을 묘사해 내는 데 성공하긴 했지만, 그것을 설명해 내지는 못하였다. 코페르니쿠스는 모든 존재가 같은 장소에 뿌리를 뻗고 있는 단일한 우주에 관한 이론을 이끌어 내기를 원했다. 이 일을 그는 부분적으로 성취해 냈을 뿐이었는데, 정작 그의 진정한 성공은 사물의 중심에 위치해 있던 지구를 그 중심으로부터 멀찌감치 떨어뜨려 놓았던 일이었다. 티코 브라헤(1546-1601)가 시도한 고도로 정확한 행성 운동 관찰을 설명할 필요성을 절실히 느꼈던 요하네스 케플러(1571-

1630)는 아리스토텔레스의 신성한 궤도를 이지러짐 혹은 식(蝕)
으로 대치시켰다.

근대적 의미의 우주관으로 향한 길을 열었던 다음 차례의 위대
한 발전은 아이작 뉴턴(1642-1727)의 등장과 더불어서였다. 뉴턴
은 기념비적인 저서 《프린키피아》(1687)에서, 케플러가 고안한
타원 운동은 우주 법칙인 중력에 의한 자연적 결과라는 걸 보여
주었다. 뉴턴은 자연히 운동의 우주적 법칙으로 이상화된 세계,
일종의 플라톤적 현실계와 비슷한 세계관을 재차 열어 보여 주었
다. 뉴턴의 회화에 의하면 우주는 거대한 기계 같은 것으로 신성
한 창조자가 요구하는 규칙적인 운동을 가능케 하고, 시간과 공
간은 모든 사물에 내재하며 편재하는 신의 절대적 표현이라는 것
이다.

뉴턴의 관점은 20세기 초기까지 과학계를 지배했지만, 이미 19
세기에 그의 우주 기계는 불완전성을 드러내기 시작했다. 우주 기
계관은 흥분 속에서 최초로 나타난 기술과 나란히 등장했다. 곧이
어 뒤를 이은 산업 혁명 동안에 과학자들은 엔진과 열의 이론에
흠뻑 사로잡혀 있었다. 열역학 법칙은 멈춤이 없이 영원히 작동하
는 기관이란 없다는 사실을 일깨워 주었다. 이 무렵에 '우주열의
죽음'을 믿는 유행이 널리 퍼져 갔다. 우주는 마치 튀어오른 공이
점차 탄력성을 잃어버리고 정지 상태로 돌아가듯이, 언젠가는 점
차적으로 쉬익 하는 바람 소리와 함께 꺼져 버린다는 것이다.

근대적 우주관을 향하여

뉴턴의 우주 기관 개념을 검증하기 위한 또 다른 시도는 올베르스(1758-1840)에 의해 이루어졌다. 그는 이전에 케플러를 포함한 여러 과학자들간에 논의된 바 있는 내용들을 자신의 이름으로 종합하여, 1826년에 패러독스 혹은 역설을 제안했다. **올베르스의 역설**은 밤하늘이 왜 어두운 것인지에 대한 의구심으로부터 출발한다. 기대에 따르면 무한하고 불변한 우주 안에서 관측자의 시선으로부터 방출되는 빛줄기들은, 무한한 숲으로부터 방출되는 빛줄기들이 궁극적으로 하나하나의 나무 개체에 부딪쳐야 하듯이, 각각의 별들과 부딪쳐야 한다. 이 관점의 결론은 밤하늘 역시 전형적인 하나의 별처럼 밝아야 한다는 것이다. 결국 우리가 밤에 관찰한 어둠은 우주가 무한하고 영원불변한 존재가 아니라는 걸 입증하기에 충분하다.

우주가 무한한 것이든 아니든 간에, 인간의 이성에 부합하고 설득력 있는 부분적인 설명은 꾸준히 증가되어 왔다. 아리스토텔레스에게 단지 40만 킬로미터에 불과한 달의 궤도는 인간의 마음이 넘어설 수 없는 근본적인 장벽처럼 여겨졌다. 코페르니쿠스와 케플러에게는 인간 세상으로부터 수조 킬로미터 떨어져 있는 태양계의 가장자리가 한계였다. 그리고 18세기와 19세기에 접어들면서부터는, 오늘날 태양계보다 적어도 10억 배는 큰 것으로 알려진 은하계가 우주의 전체로 여겨졌다. 이 이론은 경쟁자를 갖고 있었는데, 은하계와 아주 흡사한 '네뷸라'라고 하는 나선형의 기묘한 성운들이 하늘 저편의 광대한 거리에 흩어져 있는 것이 발견된 것이다. 이 대상은 바야흐로 갤럭시 혹은 은하로 불리게 될 것이다. 20세기 초반에 은하의 정의를 내린 두 이론 사이에 '대논쟁'이 벌어졌는데, 이에 관해서는 제4장에서 다룰 것이다. 천체망원경 발명에 지대한 공헌을 한 에드윈 허블(1889-1953) 덕분에 지금 우리의 은하는 우주에 퍼져 있는 수십억 개에 달하는 비슷한 크기의 은하의 하나일 따름이라는 사실을 알게 되었다.

근대적 의미의 우주론은 20세기 초반에 자연 법칙에 관한 모든 내용을 새로이 바꾸면서 시작되었다. 알베르트 아인슈타인(1879-1955)은 1905년 상대성 원리를 소개했다. 이로 인해 뉴턴의 공간과 시간 개념은 무너지고 말았다. 후에 가서, 일반 상대성 이론은 역시 뉴턴의 우주적 중력 법칙을 밀어내고 말았다. 프리드만(1888-1925)·르메트르(1894-1966)·드 지터(1872-1934) 등의 과학자들이 이룩한 최초의 위대한 상대적 우주론은 우주의 수리적 설명을 위한 새롭고 복잡한 언어를 조합해 냈다. 아인슈타인의 이론은 근대 우주론에 있어서 기본적인 개념 역할을 맡고 있는 까닭에, 다음장의 대부분은 그에 관한 내용으로 할애하겠다.

우주에 관한 개념적 발전이 길을 트는 동안, 근대를 향한 최종적인 발걸음은 이론적 물리학자들이 아닌 천체를 관찰하는 천문학자들에 의해 이루어졌다. 우주는 지금까지 알려진 은하계와 같은 많은 은하계를 갖고 있다고 알고 있었던 에드윈 허블은 1926년 한 권의 관찰 기록을 펴내는데, 그로 인해 우리의 우주는 팽창하고 있다는 것을 자각하기 시작했던 것이다. 마침내 1965년 펜지어스와 윌슨은 우주 극초단파 배경을 발견했는데, 이것은 우리의 우주가 원시적인 불덩어리의 상태로, 다시 말해 빅뱅-대폭발로 시작했다는 증거였다.

오늘의 우주론

근대적 의미의 우주론은 1915년 알베르트 아인슈타인이 출간한 일반 상대성 이론으로부터 시작하는데, 여기서 그는 우주 전체를 대상으로 항구한 수리적 설명이 가능하다는 사실을 보여 주었다. 아인슈타인의 이론에 따르면, 물체와 운동의 양은 공간과 시간의 변형과 연관되어 있다. 우주론에 있어서 이 학설이 중요한 까닭은, 공간과 시간이 더 이상 물질 세계로부터 절대적으로 독립한 존재가 아니고, 우주의 진화 과정에 참여하는 여러 참가자들의 일원이라는 사실이다. 일반 상대성 이론은 우리들로 하여금 우주에 있어서의 공간과 시간**의** 기원을 이해하게 했던 것이라기보다는, 공간과 시간 그 자체**에 대해** 이해하게끔 만들었다.

아인슈타인의 이론은 팽창하는 우주에 관한 최고의 설명으로서, 현대적 의미의 빅뱅 모형의 기초를 이룬다. 이 모형에 따르면 공간·시간·물체·힘, 모든 요소들은 약 1백50억 년 전에 극한의 온도와 강도를 가진 원시적인 발광 불덩어리 상태로 존재했다. 이것이 생성되고 나서 불과 몇 초 후에 온도는 1백억 도까지 급격히 올라갔고, 핵반응이 일어나면서 지금의 우리 인간 모두를 만들어 낸 원자를 만들기 시작하였다. 그로부터 약 30만 년 후에 온도가 수천 도의 정도로 떨어지면서 우리가 관찰하는 우주 극초단파 배경을 방출하였다. 공간과 시간을 이끌고 폭발이 팽창하면서 우주는 서서히 식어 갔고 순화되어 갔다. 팽창하는 가스 구름과 방출열이 단단히 응결되면서 별들과 은하계가 형성되었다. 그리하여 오늘날 우리의 우주는 빅뱅 혹은 대폭발 당시 생겨난 재와 연기를 갖게 되었다.

5장에서 빅뱅 이론에 관한 보다 상세한 내용을 다루고 있다. 대부분의 우주학자들이 진행중인 빅뱅에 관한 내용을 근본적으로 정확한 것으로 받아들이고 있다. 이 개념은 우리가 알고 있는 우주의 용적 안에 들어 있는 모든 대상들을 설명하며, 모든 우주학적 관찰에 관련된 사례에 적용할 수 있다. 하지만 빅뱅 이론이 완성된 것은 아니라는 사실을 깨닫는 것이 중요하다. 현대 우주 탐구의 상당수가 빅뱅 이론의 자못 강요적인 틀 안에서 발견되는 틈을 메워 보고자 고심하고 있기 때문이다.

예를 들면 아인슈타인의 이론은 우주가 생성되는 초기의 바로 그 시점에서는 무너지고 만다. 빅뱅이란 상대성 이론가들이 **단일성**이라고 일컫는 한 예로서, 이 점에서는 수학이 저변을 잃어버리고, 측정 가능한 양은 무한대가 되어 버린다. 우주가 주어진 상태로부터 진화할 양상을 대체로 예측하고 있는 우리에게, 단일성은 우주가 처음 순간에 어떤 모습을 하고 있었는지 그에 대한 최초의 이론을 인식하는 일을 불가능하게 만든다. 그러므로 우리는 고고학자가 폐허 위에서 사라진 도시를 재건하려고 하듯이, 순수한 사유보다는 실질적인 관찰을 통해서 인식의 끈을 이어야 할 것이다. 현대의 우주학자들은 그리하여 광범위한 양의 세밀한 정보를 수집하여 그것들을 서로 이어 가면서, 우주가 시작되었던 순간의 광경을 그려 보이려고 애쓰고 있다.

　　지난 20년 동안 축적된 기술의 발달은 관측우주론 분야에도 괄목할 진전을 가져왔으며, 우리는 실로 우주 탐험의 '황금시대'라고 할 만한 시점에 이르렀다. 관측우주론은 이제 가느다란 여러 줄기의 섬광 필라멘트가 박힌 커다란 판지에, 우주 공간에 퍼져 있는 은하계들의 거대한 지도를 만들고 있다. 이들 작업은 허블 우주 망원경을 이용한 심연 관측이 가능하기에 이루어진다. 허블 우주 망원경의 시계는 긴 노출을 갖고 있어서, 인간이 머물고 있는 지구상에 도달하기까지는 몇 년이 걸릴지도 모르는 까마득한 거리에 떠 있는 은하계들을 바라볼 수 있다. 이러한 관측 덕분에 우리는 닫혀지지 않는 우주의 역사를 바라보는 것이다. 극초단파 천문학자들은 이제 원시적 불덩어리 상태에서 만들어진 우주 극초단파 배경에 생성된 주름을 관찰하면서 초기 우주의 그림을 만들 수도 있다. MAP[극초단파 비등방성 증명]로 명명된 위성 실험 계획이라든가, 플랑크 측량연구소 같은 단체는 향후 몇 년 안에 극초단파 주름의 수수께끼를 보다 상세하게 풀 수 있을 것이다. 그리고 그들이 성취해 낼 결과는 은하가 어떻게 광대한 공간 속에 모여들었는지, 우리들 인간의 궁금한 이해의 틈을 메워 줄 것이다.

　　천체 관측은 우주가 시간 속에서 어떻게 변화를 겪었는지, 우주 팽창 비율을 가늠하는 데 활용될 수 있으며, 어마어마한 크기의 삼각 원리를 응용하여 공간의 기하학을 증명하는 데에도 유용하다. 아인슈타인의 이론에서 빛 혹은 광선은 반드시 수직으로 나아가는 것만은 아니다. 거대한 우주 본체에서 생겨난 중력에 영향을 받으면서 공간 자체가 휘기 때문이다. 우주론적 거리에서 이 효과는 2개의 평행한 빛줄기를 하나의 점으로 합치면서, 공간과 시간의 전체를 마치 구 표면처럼 닫혀지게 할 수 있다. 또한 이것은 빛이 사방으로 발산하는 '열린 우주'를 만들어 낼 수도 있다. 이와 같은 양자택일의 두 세계 사이에서, 유클리드 기하학이 적용되는 평면 공간이 '정상' 개념으로 자리잡는다. 두 세계는빅뱅 이론이 예측할 수 없는 물질과 힘의 총체적인 우주적 밀도에 명료하게 달려 있다.

빅뱅 이론은 1980년대 초반에 중점적으로 이론적 명성을 떨쳤다. 당시 소립자 물리학자들은 그들의 소립자 가속기가 도달할 수 없는 극도로 높은 에너지에서 물질의 상태를 연구하기 위한 방편으로 우주론을 택했다. 이 과학자들은 초기 우주가 소위 상전이(相轉移)라고 일컫는 극적인 변화를 겪었을 거라는 사실을 알았다. 팽창은 불과 1초가 가늠할 수도 없이 미세하게 분할된 시간 속에서, 헤아릴 수조차 없는 수많은 요인들로부터 영향을 받으며 가속되었을 것이었다. 이러한 '팽창'의 기간은 우주는 평평해야만 한다고 하는, 한정된 예측으로 이끄는 공간의 굴곡을 평정하는 데 기여할 것이다. 이 사실은 위에서 언급한 우주 측량과의 연관성에 있어서도 항구적이다. 우주 팽창이 지금도 진행중이라고 하는 최근 주장들은, 아마도 초창기 팽창의 잔존물일 수도 있을 신비한 검은 에너지의 존재를 제시하고 있다.

우주학자들은 우주가 팽창하고 식을 때, 별과 은하계로 밀려드는 우주 물질 덩어리의 응결을 이해하기 위해 가장 현대적인 초대형 컴퓨터를 이용하기도 한다. 이런 작업을 통해, 응결이 진행되는 과정에서 전혀 다른 공간에서 흘러온 낯선 물질이 광범위하게 뒤섞이고, 별빛은 생성하지 못하지만 별이 생성하기에 충분할 만큼의 강력한 강도로 응결된다는 사실을 알게 되었다. 여기서 보이지 않는 내용을 **검은 물질**이라고 부른다. 이것에 대해 컴퓨터가 예측한 구조는 관측자들이 만든 거대한 우주 지도에 매우 근접해 있어서 빅뱅 이론을 더욱 지원하고 있다.

새로운 이론적 개념과 새로운 고품질의 관측 정보들 사이에서 벌어지는 줄다리기는, 우주론을 순수 이론의 영역에서 대담한 실험과학의 장으로 밀어붙였다. 이 과정은 20세기 초반, 알베르트 아인슈타인에 의해 시작되었던 것이다.

2

아인슈타인과 그의 이론

우리 모두는 중력의 효과에 대해 알고 있다. 우리가 사물을 위에서 놓아 버리면 지상으로 떨어진다. 언덕 아래쪽으로 밀어 떨어뜨리는 것보다 언덕 위로 끌어올리는 일이 힘들다. 그런데 물리학자들은 우리가 일상적인 생활에서 경험하는 것보다 더 많은 중력의 효과를 경험한다. 사물의 규모가 커질수록 중력의 중요성도 증가한다. 그리하여 중력은 심지어 태양 주위를 돌고 있는 지구를 끌어당기고, 지구 주위를 돌고 있는 달을 끌어당기며, 조수의 간만을 일으킨다. 천문학과 관련지어 볼 때, 중력은 다른 무엇보다 최고의 동인(動因)이다. 그러므로 여러분이 우주가 대체로 어떤 것인지를 알고자 원한다면, 먼저 중력이 어떤 것인지를 알아야 할 것이다.

우주의 중력

중력은 자연계가 지닌 기본적인 힘들 중의 하나이다. 그것은 세상의 모든 사물이 다른 사물을 끌어당기는 우주적 성향을 말한다. 사실상 세상에는 네 가지의 주요 힘이 존재하는데, 중력·전자기 그리고 '강'한 핵 힘과 '약'한 핵 힘이 그것들이다. 우주적 중력은 2개의 하전(荷電)된 사물 사이에 발생하는 전기적 힘과는 성격이 다르다. 전기적 하전은 양극과 음극 두 종류로 나뉜다. 이러한 전기적 힘이 하전되지 않은 대상 사이에서 인력을 작용하거나 하전된 대상 사이에서 반발력을 작용하는 반면에, 중력은 한결같이 끌어당긴다. 중력이 우주론에서 매우 중요한 이유는 바로 여기에 있다.

여러 면에서 중력은 극단적으로 약하다. 대부분의 물질의 본체는 전자들 사이의 전기적 힘으로 연결되어 지탱하고 있다. 전자들은 그들 사이의 중력보다 강한 여러 개의 자력으로 질서를 이루고 있다. 하지만 이처럼 약한 특성에도 불구하고 천문학적 상황에서 중력은 여전히 천체들을 움직이는 주요 동인이다. 그것은 천체는 매우 드문 예외를 제외하고서 언제나 정확한 양의 양극과 음극 전하를 함유하고 있기 때문이며, 그런 까닭에 어떤 경우에도 서로간에 전기적 힘을 방출하지 않는다는 것이다.

이론물리학이 이룬 최대 업적의 하나는, 우주 중력에 관한 아이작 뉴턴의 이론이었다. 그는 갖가지의 분화된 물리적 현상들을 통합하는 데 기여했다. 뉴턴 역학은 다음과 같은 세 가지의 단순한 원리에 근거한다.

1. 모든 물체는 외부로부터 가해진 힘이 변형을 가져오지 않는 한 지속적으로 휴식 상태에 있거나 직선상에서 등속 운동을 한다.
2. 운동량의 변화 비율은 가해진 힘에 비례하며, 이 힘이 작용한 방향으로 진행한다.
3. 모든 작용에는 언제나 같은 정도의 반작용이 대치한다.

　이상의 세 가지 운동 법칙은 당구대의 공이 움직이는 형태만큼이나 천체의 운동에도 꼭 같은 형태로 적용된다. 뉴턴이 중점적으로 하고자 했던 일은 중력을 어떻게 묘사해 내느냐 하는 문제였다. 뉴턴은 지구를 돌고 있는 달처럼, 원을 궤도로 하여 돌고 있는 물체는 운동의 중심 방향으로 힘을 받는다는 사실을 깨달았다. 이것은 머리 위에 물체를 줄에 매달아 빙빙 돌릴 때 느끼는 힘과 같은 이치이다. 이때에도 중력은 사과를 나무에서 지상으로 떨어뜨릴 때와 같은 방식으로 작용할 수 있다. 이러한 두 가지 상황에서, 힘은 어느 경우에나 지구의 중심으로 향하게 되어 있다. 뉴턴은 수학 공식의 올바른 형식이 '역제곱' 원리라는 걸 깨달았다. 즉 "두 물체가 서로 끌어당기는 힘은 물체가 만들어 내는 질량과 그들 사이의 거리의 제곱에 비례한다"는 것이다.

　우주 중력을 역제곱 원리에 두고 해석했던 것은 뉴턴의 승리였으며, 이것으로 그보다 1백 년 전에 요하네스 케플러가 착안했던 행성 운동 원리를 설명할 수 있게 되었다. 그의 성공은 너무나도 눈부신 것이어서, 뉴턴의 운동 법칙에 의해 안내를 받았던 우주 개념은 알베르트 아인슈타인이 나타나기까지 2백 년 이상 과학적 사고를 지배하였다.

아인슈타인 혁명

　알베르트 아인슈타인은 1879년 3월 14일 독일의 울름에서 태어났다. 그가 태어난 후 그의 가족은 곧 뮌헨으로 이사했으며, 그곳에서 학창 시절의 대부분을 보냈다. 어린 아인슈타인은 눈에 띄게 재능 있는 학생은 아니었다. 1894년에 그는 가족이 이탈리아로 이주해야 했기에 학교 수업을 전부 포기해야 했다. 한 차례 입학시험에 실패한 후, 그는 마침내 1896년 취리히의 스위스 연방 공과대학에 입학하게 되었다. 취리히에서의 학창 생활을 성실하게 보냈음에도 불구하고, 그는 어떤 스위스 대학교에서도 자리를 잡을 수 없었다. 불행 중 다행한 것은, 만일 아인슈타인이 발을 들여놓았다면 자칫 나른한 학교 업무에 빠져들어 게으른 생을 보낼 수도 있었을 것이기 때문이었다. 그는 학교를 떠나 1902년 베른의 특허사무소에서 일을 하게 되었다. 여기서의 보수는 넉넉했고, 젊은 특허사무원에게 주어지는 업무라는 것도 주체하기 힘든 것은 아니었기에, 여기서 아인슈타인은 여가 시간 동안 물리학에 관한 많은 사색을 할 수 있었다.

아인슈타인의 특수 상대성 이론이 출판되었던 것은 1905년의 일이었다. 그것은 인류의 사유의 역사상 가장 위대한 지적인 업적으로 자리매김했다. 당시에 아인슈타인은 여전히 특허사무소에서 일을 하면서, 물리학을 특별히 흥미 끌리는 취미삼아 연구해왔었기에 세인의 놀라움은 더욱 컸다. 여기에 그치지 않고, 그는 같은 해에 광전자 효과(양자 이론에 많은 진전을 가져다 준)와 브라운 운동 현상(미립자가 원자와 부딪쳤을 때 요동하는 현상)에 관한 최초의 이론적 틀을 갖춘 논문을 발표했다. 특수 상대성 이론이 아인슈타인의 여타 논문들에 비해 뛰어나고, 같은 물리학의 주류에 머물고 있는 동시대의 과학자들에 비해 탁월한 이유는, 모든 인간과 사물을 향해 같은 비율로 전진하고 있는 절대적인 존재로서의 시간 개념을 철저히 허물어 버리고자 한 데 있었다. 이 개념은 뉴턴적 회화의 세계 위에 구축된 것이며, 뉴턴의 이론은 너무나도 자명한 진리여서 재론의 여지가 없는 것이었다. 그토록 중요한 사항을 두고 개념의 장벽을 허물기 위해서는 분명 천부적인 재능이 필요하다.

상대성의 개념은 아인슈타인이 독자적으로 창안해 냈던 것은 아니었다. 그보다 3백 년 전에 갈릴레오가 이에 관한 기본 원리를 제시한 바 있었다. 갈릴레오는 현실적으로 오직 상대적 운동만이 관건이며, 그러므로 절대적 운동이란 존재할 수 없다고 주장했다. 고요한 호수의 수면에서 배를 타고 일정한 속도로 나아갈 때, 지붕이 있는 선실 안에서 머물고 있다면 배가 움직이고 있음을 느끼기 힘들 것이다. 물론 갈릴레오의 시대에는 물리학에 관해 알려진 바가 적었고, 실험도 제한적일 수밖에 없었다.

상대성 원리에 관한 아인슈타인의 해석은 모든 자연 법칙이 모든 관찰자의 시선에게 정확히 같은 상대적 운동을 보여야 한다는 논지로 바꾸어 버렸다. 아인슈타인은 이 원리가 하전된 물체 사이에서 작용하는 힘에 관해 연구한 제임스 클럭 맥스웰이 확립한 전기장 이론에 적용되어야 한다고 결론지었다. 맥스웰 이론의 한 결론은 진공 상태에서 빛의 속도는 항구적인 우주 정수(주로 ‘C’라는 이니셜로 표현된다)로 나타난다고 했다. 상대성 원리를 진지하게 수용하자면, 모든 관찰자는 어떤 운동을 관찰하든지 한결같이 C 값으로 측정해야 한다. 이것은 일방적이기에 충분한 방식이지만, 결과는 혁명적인 것임이 틀림없다.

아인슈타인은 빛의 신호를 교환하는 특별한 실험을 통해 어떤 결과가 관측될지 궁금했다. 그리하여 그는 **게단켄**(혹은 사유) 실험이라는 것을 시도했다. 철로를 따라 전구에 불을 밝히고 움직이고 있는 열차를 상상해 보도록 하자. 열차의 끝에는 시계가 달려 있어서, 플래시에 불이 들어오면서 그것을 비추면 우리는 시간을 읽을 수 있다. 플래시의 불이 꺼지면, 열차의 차량에 앉아 있는 승객의 시선에서 보자면 빛 신호가 차량의 양쪽 끝에 동시에 도달함을 알 수 있다. 양끝에 매달린 시계는 같은 시각을 가리키고 있다.

이제 철로 바깥에서 휴식을 취하면서, 열차가 들어오고 있는 것을 바라보고 있는 관찰자의 시각에서 무슨 일이 일어나는지 알아보자. 플래시의 불빛은 차량 안의 승객에게 그러했던 것처럼 같은 속도로 철로 위를 지나간다. 그런데 이번 경우에는 차량 뒤편의 승객들은 빛 신호 속으로 끌려 들어가고, 앞쪽의 승객들은 빛 신호 바깥으로 밀려남을 알 수 있다. 이때 관찰자는 열차 앞쪽의 시계가 불이 밝혀지기 앞서, 열차 뒤편의 시계에 불이 밝혀지는 것을 보게 될 것이다. 그런데 열차 앞쪽의 시계에 불이 오르면, 열차 뒤편의 시계가 가리키고 있는 시간과 같은 시간을 가리키고 있는 것이다! 관찰자는 열차에 부착된 시계들에게 무언가 정상적이지 않은 일이 일어나고 있음을 알아차리게 될 것이다.

이 사례는 동시성의 개념이 상대적이라는 것을 시사해 주고 있다. 2개의 플래시 불빛이 도달하는 것은 진행중인 열차에서는 동시적이지만, 철로의 선상에서는 다른 시간대에 발생한다. 기이한 상대적 현상의 다른 예로서, 시간 팽창(작동하고 있는 시계가 느리게 움직이는 것으로 나타난다)과 길이 축소(움직이는 자는 실제보다 짧아 보인다)를 들 수 있다. 이것은 모두 빛의 속도가 관찰자에 의해 측정된 바와 꼭 같은 것이어야 한다는 추정에서 나온 결과들이다. 물론 위에 제시된 사례들은 적지않이 비현실적인 면이 있다. 뚜렷한 효과를 보여 주기 위해서는 관련된 속도가 C(우주 정수)의 적당한 분수여야 한다. 이 속도는 철로 위의 열차가 도달하기에는 힘든 속도이다. 그럼에도 불구하고 일련의 실험들을 거친 나머지 시간 팽창 효과가 실질적인 것임을 확인하기에 이르렀다. 방사능 입자들이 붕괴하는 비율은 고도의 속도에서 이동할 때 그들 내부의 시계가 느리게 움직이는 관계로 훨씬 느리게 진행된다.

특수 상대성 이론은 또한 물리학의 모든 분야에서 가장 유명한 공식인 $E=mc^2$을 산출했다. 이것은 물질과 힘의 등가성을 나타내는 것이다. 이 공식은 또한 제반 실험을 거쳤는데, 여러 사례들 중에서도 전자와 화학적 분열 사이의 원리를 대변하고 있다.

특수 상대성 이론이 의심할 여지없이 탁월한 것이기는 해도, 그것은 한편으로 심각하게 불완전한 것이다. 왜냐하면 그것은 서로 같은 속도로 움직이고 있는 두 물체의 경우만 취급하고 있기 때문이다. 심지어 제1장에서 언급한 뉴턴의 자연 원리조차, 시간과 더불어 변하는 속도의 원인과 결과를 토대로 한 것이었다. 뉴턴의 제2원리는 물체의 운동량의 변화 비율에 관한 것이었는데, 과학의 문외한조차도 알고 있는 가속도에 관한 내용이었다. 특수 상대성 이론은 소위 관성 운동이라 일컫는 것에 한정되어 있다. 즉 외부에서 가해지는 어떤 힘에 의해서도 움직이지 않는 분자 운동에 국한되어 있는 것이다. 이것은 특수 상대성 이론이 여타 종류의 가속 운동을 설명할 수 없으며, 특히 중력의 영향을 받고 있는 운동에 대해서 설명이 불가능함을 가리킨다.

등가 원리

아인슈타인은 중력을 특수 상대성 이론에 적용시키는 문제에 대해 깊은 고찰을 하고 있었다. 이에 관해 설명하기 앞서 뉴턴의 중력에 관한 이론을 상기해 보자. 그의 이론에 의하면, 질량 M의 입자에서 비롯한 질량 m의 입자의 힘은 이들 질량의 생성물과 입자 사이의 거리의 제곱에 달려 있다. 뉴턴의 운동 원리에 의하면, $F=ma$라고 표현되는 최초 입자의 가속을 유도한다. 이 등식에서의 m은 입자의 관성 질량이라 불리며, 가속에 대한 입자의 저항을 결정한다. 그런데 중력의 역제곱 원리에서, 질량 m은 다른 입자에 의해 생성된 중력에 대한 한 입자의 반작용을 가리킨다. 그러므로 수동적 중력 질량이라 불린다. 하지만 뉴턴의 제3운동 원리는 A 물체가 B 물체에게 힘을 가하는 경우, B 물체는 A 물체에게 동등한 양의 반대되는 힘을 가한다고 진술하고 있다. 이것은 m이 또한 입자에 의해 생성된 활동적인 중력 질량, 혹은 중력 전하라는 사실을 말해 준다. 뉴턴의 이론에 있어서 관성 질량, 활성 질량, 수동적 질량, 이상 세 가지의 질량이 등가이다. 이것에 관련하여서 이들 질량이 왜 등가인지는 밝혀지지 않았다. 이들 질량이 다를 수는 없는 것일까?

아인슈타인은 이 등가가 등가 원리라고 불리는 심오한 원리의 결과일 것이라는 결론을 내렸다. 그의 말을 직접 빌리자면 "모든 지방의 자유로이 쇠퇴하는 연구소가 모든 종류의 물리 실험을 실행하기에 동등하고 적합하다"는 것이다. 이것은 중력을 분리된 자연의 힘으로 간주할 수 있으며, 참조 상황에서 설정된 두 가속

물체 사이에서 작용한 운동의 결과로 대치해서 생각할 수 있다는
걸 의미한다.

　이것이 어떻게 가능한 것인지 알기 위해서 인양기를 갖추고 있
는 실험실을 상상해 보도록 하자. 인양기가 바닥에 누워 휴식을
취하고 있을 때, 중력은 소유자인 지상에 속해 있음을 알 수 있을
것이다. 우리가 스프링 끝에 추를 달아서 인양기를 천장에 매달
경우, 스프링은 추의 무게로 인해 아래로 처질 것이다. 다음으로
인양기를 천장 끝으로 들어올려서 자유로이 떨어지도록 해보자.
이 경우 자유로이 낙하하는 인양기 안에는 뚜렷한 중력이 존재하
지 않는다. 인양기의 속도가 변할지라도 추가 언제나 인양기의 휴
식과 같은 비율로 떨어지는 까닭에 스프링은 추가로 늘어나지 않
는다. 이것은 중력이 작용하는 지구로부터 멀리 떨어진 공간 속
에서 어떤 일이 일어날 것인지를 시사해 준다. 중력의 부재는 그
러므로 중력에 반응하는 자유 낙하의 상태와 매우 흡사하다고 할
수 있다. 인양기가 중력이 미치지 않는 공간 안에서 로켓을 부착
하고 있는 경우를 상상해 보자. 로켓을 발사하면 인양기는 가속
으로 날아갈 것이다. 자유로운 공간에는 상하가 따로 없지만, 아
무튼 로켓은 원래 천장에 매달려 있던 방향과 반대 방향으로 인양
기를 날려보낼 것이 틀림없다.

　스프링에 어떤 일이 일어났는가? 해답은 가속 작용이 추를 인
양기의 역방향으로 움직이게 만들었다는 것이고, 스프링을 바닥
으로 늘어뜨렸다는 것이다. 자동차를 순간적으로 가속시킬 때 승
객의 머리가 뒤로 젖혀지는 것과 같다. 이것은 또한 중력장이 스
프링을 밑으로 잡아당길 때 발생하는 것과 꼭 같은 현상이다. 인

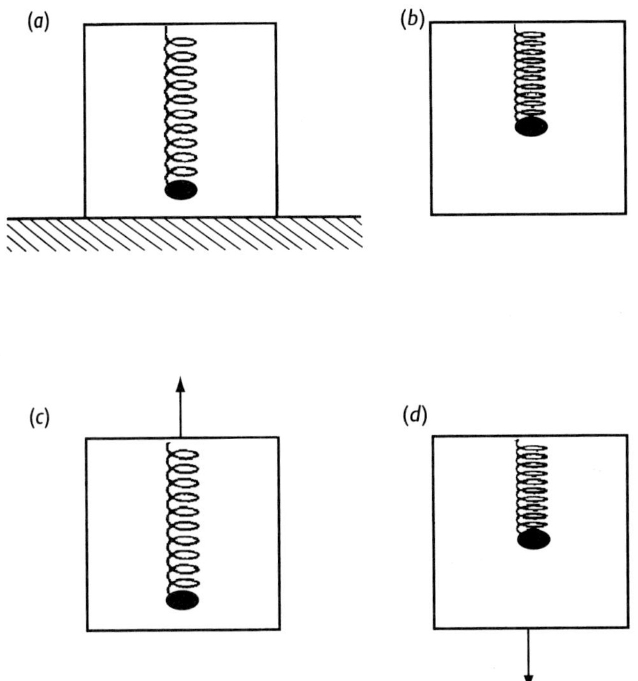

2) 평형의 원리를 보여 주고 있는 사유 실험. 추가 스프링 끝에 달려 있고, 스프링은 천장의 인양기에 부착되어 있다. 그림 a에서 인양기는 멈춘 채 움직이지 않고 있다. 그렇지만 중력은 밑으로 작용하고 있다. 이 경우 스프링은 추의 무게로 늘어난다. 그림 b에서 인양기는 어떤 중력의 원천으로부터도 멀리 떨어진 채 깊은 공간 중에 있다. 스프링은 가속되지 않고 늘어나지 않는다. 그림 c에서는 중력장이 존재하지 않는데, 인양기가 로켓의 추진력 덕분에 가속도로 올라가고, 스프링은 팽창한다. c의 가속은 a의 중력과 똑같은 효과를 만들어 낸다. 그림 d에서 인양기는 중력장으로 자유롭게 떨어지고, 가속이 붙기 때문에 안에서는 중력이 느껴지지 않는다. 이 경우 추가 무게를 잃어버리는 까닭에 스프링은 늘어나지 않고, 상황은 그림 b와 등가적이다.

양기가 가속을 받으면, 스프링은 늘어난 채로 머물러 있을 것이다. 마치 가속을 받고 있는 것이 아니라 중력장에 그저 머물고 있는 것처럼. 아인슈타인의 독창적인 생각은 이러한 상황들이 단지 유사하게 나타나는 것만이 아니라는 데 있었다. 그것은 철저하게 구분할 수 없는 것들이었다. 일정한 공간에서 실시된 인양기 가속 실험은, 중력이 작용하는 장소에서 실시한 인양기 실험의 결과와 정확히 같은 결과를 보여 줄 것이다. 그림을 완성하기 위해서, 중력이 작용하는 영역 안에 설치되어 있으면서 바닥으로 자유로이 떨어지도록 되어 있는 인양기를 생각해 보도록 하자. 이때 내부의 모든 것은 무게를 잃어버리며, 스프링은 늘어나지 않는다. 이것은 어떤 중력도 작용하지 않으면서 휴식 상태에 있는 인양기와 동등한 상황이다. 자유로이 떨어지는 관측자는 자기 자신을 관성 운동의 상태에 있다고 간주하지 못할 이유가 없다.

일반 상대성 이론

이제 아인슈타인은 어떻게 일반 상대성 이론을 펼쳐야 할지를 알았다. 그렇지만 그것이 최종적인 형태를 갖추려면 다시금 10여 년의 세월이 흘러야 할 터였다. 그가 발견해야 할 것은 여타의 가속 운동 형태와 중력 효과를 다룰 수 있는 일련의 법칙이었다. 이것을 위해서 그는 텐서[tensor; 하나 이상의 등위 체계 내에서 결정된 위치를 표시하기 위한 추상적 개념. 단일 등위 체계에서는 벡터 vector] 해석이나 리만의 기하학 같은 복잡한 수학 이론을 공부해야 했으며, 가능한 모든 상태의 운동을 표현하기에 충분한 참으로 일반적인 형식주의를 만들고자 했다. 그는 생각으로는 목표에 도달했지만 명백히 쉬운 일이 아니었다. 1905년에 출간된 고전적인 책자가 눈부신 사유의 명증성과 함축적인 수학적 계산으로 규정되었던 데 반해, 그의 후기 작품들은 기술적 난관의 수렁에 빠져 있었다. 사람들은 그가 일반 이론을 개발하고 있던 순간에 아인슈타인이 과학자로 성장했다고 술렁거렸다. 그렇다면 그로서는 정말 헤쳐 나가기 어려운 난제가 아닐 수 없었다.

일반 상대성 이론을 기술적으로 이해하기란 실로 기가 질리는 일이다. 심지어 개념적인 차원에서조차 그 이론은 포착하기 힘들다. 특수 이론에 삽입된 시간의 상대성은 일반 상대성 이론에도 등장한다. 여기에는 중력 효과에 비롯한 시간 팽창과 길이 축소에 관한 추가적인 효과가 수록되어 있다. 그렇지만 문제는 시간과 더불어 끊일 줄 모른다! 특수 상대성 이론에서 공간은 적어도 잘 지탱해 주었다. 일반 상대성 이론에서 공간은 창문 바깥으로 달아나고 말았다. 공간이 휘어 버린 것이다.

공간의 만곡(彎曲)

공간이 휠 수 있다는 생각은 이해하기가 매우 힘든 것이어서, 심지어 물리학자들도 이 주제를 직시하려는 노력을 번번이 접고 만다. 자연계에 관한 우리의 기하학적 이해의 고유성은 고대 그리스의 수학자들이 이룩했던 업적의 바탕 위에 있는 것이다. 특히 유클리드의 형식 체계나 피타고라스의 이론, 가령 평행선은 결코 만나지 않는다, 삼각형의 세 각의 총합은 180도이다라는 식의 내용들이 그것이다. 이러한 모든 규칙은 유클리드 기하학의 규범에서 출발한 것이다. 이 법칙과 원리들이 단지 추상적인 수학인 것은 아니다. 우리는 매일의 경험을 통해서 이 원리들이 물리적 세계를 지극히 잘 표현하고 있다는 사실을 자각한다. 유클리드 기하학은 매일매일 건축가와 측량사와 디자이너와 지도제작자들에 의해 활용되고 있다. 모양에 관심이 있고, 공간 내에서 사물의 배치에 관심이 있는 사람이라면 누구라도 활용하고 있는 것이다. 기하학은 현실이다.

그러므로 우리가 성장한 공간의 이러한 고유성은 대지와 건물들의 한계를 넘어서 보다 광범위하게 응용되어야 할 것이다. 거시적으로는 우주 전체에 응용되어야 할 것이다. 유클리드의 법칙은 세계의 중요한 구조로서 자리매김해야 할 것이다. 그렇지 않다면? 비록 유클리드의 법칙은 수학적으로 고상하고 논리적으로 감탄하지 않을 수 없는 것이긴 하지만, 그렇다고 이것이 기하학을 구축하는 데 활용할 수 있는 유일한 규칙들은 아니다. 가우스와 리만 같은 19세기의 수학자들은 유클리드의 법칙이 단지 공간이 평평한 특별한 기하학의 경우에 있어서만 적합하다는 사실을 깨달았다. 이 법칙들이 무너지는 다른 체계가 성립될 수 있었다.

예를 들어 평평한 종이 위에 그려진 삼각형을 생각해 보자. 유클리드의 정리를 대입해 보자면 이 삼각형의 내각의 총합은 180도(두 직각의 합과 같은)이어야 할 것이다. 이제 삼각형을 구체 위에 그리면 어떤 결과가 나타나는지 알아보자. 이 경우에 3개의 직각을 가진 삼각형을 구체 위에 그리는 것이 가능하다. 우선 '북극'을 한 점으로 잡고, 원둘레의 4분의 1에서 분리된 지점에 '적도'에 2개의 점을 잡는다. 그러면 이 3개의 점들은 유클리드 기하학을 위반하는 3개의 직각을 가진 삼각형을 형성할 것이다.

이와 같은 관점은 이차원의 기하학에는 유효하지만, 우리의 세계는 삼차원의 공간으로 이루어져 있다. 삼차원의 휘어진 표면을 상상하는 일은 훨씬 더 어렵다. 하지만 아마도 어느 경우를 막론하고 '공간'에 대해서 생각한다는 것 자체가 오류이다. 결국 인간은 공간을 측량할 수 없다. 인간이 측량할 수 있는 것은 자를 이용해서 측정하는 공간 내에 자리한 물체들 사이의 거리이며, 보다 현실적으로 천문학 분야에 있어서는 광선이다. 공간을 평평하거나 휘어진 종이로 간주하는 일은, 감지할 대상이 없는 곳에서 보다, 더욱 간단하게 공간 그 자체를 감지할 수 있는 것으로 만드는 까닭에 인간을 고무시킨다. 아인슈타인은 언제나 존재의 범주가 불명료한 '공간'과 같은 주제를 취급하는 것을 회피하고자 했다. 대신에 그는 관찰자가 주어진 실험을 통해 실질적으로 측정할 수 있는 명료한 내용들을 선호했다.

이러한 지도를 따라서, 우리는 광선이 어떻게 일반 상대성 이론을 따르는지 물어볼 수 있다. 유클리드 기하학에서 빛은 직선으로 여행한다. 그의 기하학에서 우리는 근본적으로 공간의 평평한 상태와 똑같은 대상을 표현하기 위해 광선의 직진을 취할 수 있다. 특수 상대성 이론에서도 빛은 역시 직선으로 여행을 하는데, 이 관점에서 보자면 공간은 역시 평평한 것이다. 하지만 가속 운동이나 현존하는 중력 효과 안에서의 운동에 적용되는 일반 상대성 이론을 기억해 보자. 이 경우 빛에게는 어떤 일이 일어날 것인가?

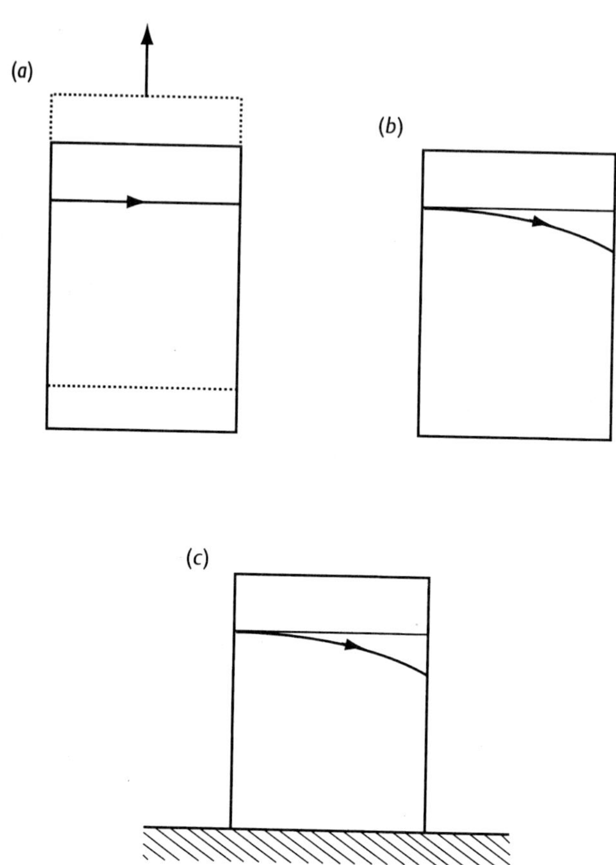

3) 빛의 휨 현상. 그림 a에서 인양기가 그림 2(c)에 있어서처럼 가속으로 위로 올라간다. 바깥에서 관찰한 것으로 레이저 광선이 직진하는 것을 볼 수 있다. 그림 b는 인양기의 안쪽으로, 일반 광선이 아래쪽으로 휘어지는 것을 볼 수 있다. 중력장에 위치해 있는 정지 상태의 인양기의 효과는 그림 c에서 보는 것처럼 똑같다.

인양기를 이용한 실험으로 되돌아가 보자. 끝에 추를 달았던 스프링 대신, 이제 인양기의 양쪽 측면에는 레이저 광선이 장치되어 있다. 인양기는 중력의 영향권으로부터 아득히 떨어진 깊은 우주 공간 속에 놓여 있다. 인양기가 가만히 멈추어 있거나 일정한 속도로 움직일 때, 광선은 정확히 그것을 내보내고 있는 레이저 장치와 반대되는 지점을 때린다. 이것이 특수 상대성 이론의 예측이다. 이제 인양기 끝에 추진 로켓을 달고 있는 경우를 가정해 보자. 인양기 바깥 쪽에서 가만히 관찰하고 있는 관찰자의 시선에는 인양기가 가속도로 날아오르는 광경이 목격될 것이다. 그런데 그가 인양기 내부의 레이저 광선을 바라본다면, 광선은 여전히 직선으로 뻗어 있음을 보게 될 것이다. 다른 한편으로 물리학자가 인양기 내부에서 관찰하는 경우에는 이상한 현상이 발견된다. 광선이 인양기의 다른 쪽으로 진행하는 찰나의 순간에 인양기의 운동 상태가 변형되어 있다. 가속으로 움직이고 있던 터라, 처음에 빛이 출발했을 때보다 빛이 맞은편에 도달하기 전의 인양기 속도가 더욱 빨라진 때문이다. 이 현상은 레이저 광선이 맞은편 벽을 때리는 지점이 출발 순간의 맞은편 지점보다 약간 아래쪽임을 의미한다. 그리하여 내부의 관찰자에게는 가속이 빛을 아래편으로 굽어 버리게 한 결과로 비친다.

휘어진 공간에 관해 이해하기 힘든 하나의 이유는, 우리가 일상 생활 속에서는 그것을 관찰하지 못한다는 점에 있다. 보통의 환경에서는 중력이 너무 약하기 때문이다. 심지어 우리의 태양계에 있어서조차 중력은 너무 약해서 중력이 만드는 만곡은 무시할 정도의 수준이며, 빛의 진행은 거의 직선에 가까워서 차이를 구별하기 힘들다. 이러한 상황에서 뉴턴의 운동 법칙은 일어나는 현상에 매우 근접한 것이다. 하지만 우리는 강력한 중력과 그 힘이 포함하고 있는 영향에 대해 준비하지 않으면 안 된다.

블랙홀과 우주

뉴턴의 중력이 무너지는 한 경우는 거대한 물질이 공간 속의 작은 영역에 밀집되어 있는 때이다. 이런 일이 발생할 때 중력의 작용은 너무나 강하고 공간은 심하게 휘어져서, 빛이 단지 굽어지는 정도가 아니라 함정에 빠진다. 이러한 함정을 블랙홀이라고 부른다.

자연계에 블랙홀이 존재할지도 모른다는 생각은 1783년 영국의 목사였던 존 미첼에게로 거슬러 올라간다. 라플라스도 이에 관해 토론한 바 있었다. 그러나 이 주제가 중점적으로 다루어진 것은 아인슈타인의 상대성 이론에서였다. 실로 아인슈타인 방정식이 획득했던 최초의 수학적 해결이 이미 이 주제를 표현하고 있다. 유명한 '슈바르츠실트' 해석은 아인슈타인의 이론이 발표된 지 1년 후인 1916년 카를 슈바르츠실트가 내놓았던 것이다. 이 해석을 발표한 뒤 얼마 가지 않아서, 그는 제1차 세계대전에 참전하여 동부 전선에서 사망하였다. 그의 해석은 물질이 구형의 대칭적인 분포를 이루는 현상에 주목하였는데, 이것은 본래적으로 별이 생성되는 수학적 모델의 기초가 될 것이었다. 얼마 가지 않아서 어떠한 물질의 물체를 막론하고, 슈바르츠실트 해석이 지금에 와서는 슈바르츠실트 반경이라고 불리는 임계의 반경을 포함하고 있다는 사실이 밝혀졌다. 거대한 물체가 슈바르츠실트 반경내에 전적으로 들어 있는 경우, 빛은 물체의 표면으로부터 탈출

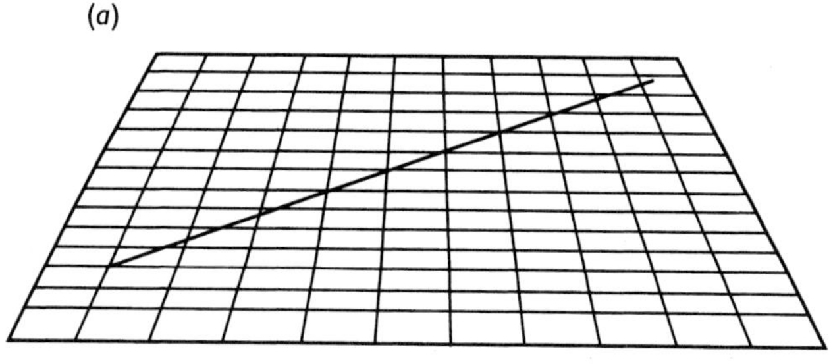

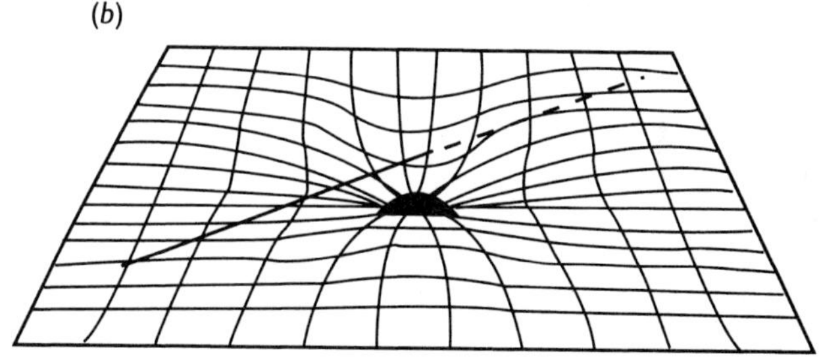

4) 공간의 휨. 중력의 원천이 사라진 관계로, 빛이 곧바로 직진해서 뻗어 간다. 만약 거대한 물체가 빛의 통로 근처에 위치한다면, 공간의 뒤틀림은 굽어진 빛줄기를 만들어 낸다.

할 수가 없다. 지구라는 물체의 경우 임계 반경은 단지 1센티미터인 반면, 태양의 그것은 대략 3킬로미터에 달한다. 블랙홀은 물체를 어마어마한 밀도로 압박하는 과정에서 이루어진다.

슈바르츠실트의 선구적인 시도 이후로 블랙홀에 관한 탐구는 계속해서 강화되어 왔다. 비록 아직까지는 자연계에 블랙홀이 존재한다는, 참으로 물샐틈없는 명백한 증거는 찾고 있지 못하지만, 수많은 천체 중에 그것이 잠복해 있을지 모른다는 사실을 시사하는 산더미 같은 환경적 증거들이 나오고 있다. 태양의 질량보다 1억 배나 큰 블랙홀을 둘러싼 강력한 중력은 눈부시게 빛나는 어떤 종류의 거대한 은하계를 몰고 가는 기관으로 여겨진다. 은하계의 중심부 근처에 떠 있는 역동적인 별들을 연구하고 있는 가장 최근의 관찰 연구에 의하면, 이 별들이 보통 블랙홀로 간주되는 강력한 질량 집중을 가리키고 있다고 한다. 이제는 거의 모든 은하계가 그들 우주의 중앙에 저마다 고유한 블랙홀을 갖고 있을 가능성이 있는 것으로 간주되고 있다. 별이 수명을 다하여 에너지 원천이 고갈되고 스스로 무너져 내릴 때, 작은 규모의 블랙홀이 주변에 생겨날 수 있다.

오늘날 블랙홀에 관한 지대한 관심을 도처에서 찾을 수 있다. 하지만 그들이 우주론 개발의 중심 역할을 맡은 사람들은 아니고, 본 책자에서는 그들에 관해 언급하지 않을 것이다. 그 대신 다음장에서 우주 전체의 습성을 이해하는 데 중심 역할을 도맡았던 아인슈타인 이론의 역할에 관해 다루도록 하겠다.

3

최초의 원리들

아인슈타인은 1915년 일반 상대성 이론을 발표했다. 거의 동시에 그는 이 혁신적인 이론의 틀로 거대한 우주 전체의 습성을 설명하고자 시도했다. 그러나 그의 목표는 습득할 수 있는 정보의 결핍으로 기우뚱거렸다. 우주는 참으로 어떤 모습을 하고 있을까? 천문학에 관한 아인슈타인의 지식은 제한적일 수밖에 없었다. 하지만 그는 설명을 진행하기 앞서 제반적인 기본적 질문들에 관한 해답이 알고 싶었다. 그는 순수한 사유만으로는 우주가 어떻게 생겼는지, 어떻게 운행되고 있는지 알아낼 방도가 없다는 사실을 알았다. 관찰과 추측이 해결의 길을 안내할 것이었다.

단순성과 대칭성

사색적인 실험과 그림들을 이용해서 우주를 설명하고자 할 때, 일반 상대성 이론이 고상한 개념의 틀을 제공할 것은 의심할 여지가 없다. 하지만 진실은, 그것이 지금까지 자연계에 적용된 것들 중 가장 난해한 수학을 포함하고 있다는 사실이다. 복잡성을 이해하려는 노력의 일환으로, 구식의 뉴턴적 접근 방식과 아인슈타인의 이론을 비교해 봄이 유용할 듯싶다.

　　뉴턴의 운동 법칙에 있어서는 기본적으로 풀어야 할 1개의 수학 방정식이 있다. 즉 'F=ma' 가 그것이다. 여기서 힘 F는 질량 m에 가해진 가속도 a의 총합이다. 이 공식은 지극히 단순한 것처럼 받아들여진다. 하지만 실질적으로는 이것을 이용해서 중력을 표현하고자 할 경우에는 무한정 복잡해질 수가 있다. 그 이유는 우주의 모든 물질의 존재들은 제각각 서로에게 중력을 작용하고 있기 때문이다. 가령 태양과 지구처럼 2개의 상호 작용을 하고 있는 운동에 이 개념을 적용하기는 상대적으로 쉽다. 그런데 여러분이 다른 대상을 추가적으로 첨가시킬 경우에는 문제가 난감해진다. 일정한 괘도를 돌고 있는 2개의 물체에 대한 뉴턴 이론을 설명하는 정확한 수학적 해석이 있는 반면에, 이보다 복잡한 상황을 설명할 수 있는 일반적 진리는 아직까지 발견되지 않았다. 심지어 3개의 물체를 해석할 수조차 없다. 거대한 규모의 중력을 갖고 있는 물체를 포함한 체계에 뉴턴 이론을 적용하는 일은 매우 어렵고, 복잡한 진행을 파악하기 위해서 대개는 강력한 처리 용량을 갖춘 컴퓨터를 필요로 한다. 다만 한 가지 예외적인 경우가 있다면 체계가 가령 구체처럼 단순한 대칭 구조를 갖고 있거나, 공간 속으로 일정한 형태로 분배되는 분력(分力)을 갖고 있는 경우이다.

　　뉴턴의 중력이 실제 상황에 적용하기 어려운 것이라면, 아인슈타인 이론은 그야말로 악몽에 가깝다. 이유를 들자면 뉴턴이 하나의 공식을 차용한 데 비해, 아인슈타인은 족히 10개를 넘나드는 공식을 차용했는데, 그것도 한꺼번에 동시에 풀어내야 할 것들이었다. 분리된 각 공식은 뉴턴의 단순한 역제곱 법칙과는 비교할 수 없이 훨씬 복잡한 것들이었다. $E=mc^2$으로 주어진 질량과

에너지 사이의 등가성 때문에 모든 형태의 에너지가 인력에 끌린다. 물체에 의해 생성된 중력장은 그 자체가 에너지의 형태이며, 그러므로 역시 인력에 끌린다. 이러한 닭과 계란의 문제는 물리학자들 사이에 '비선형(非線型)'이라 불리고 있으며, 공식을 풀고자 시도할 때 이따금 상상할 수조차 힘든 복잡한 수학으로 몰아가기도 한다. 이것이 일반 상대성의 경우이다. 아인슈타인의 공식을 풀어내는 정확한 수학적 해석은 매우 희귀하고 요원하다. 심지어 특별한 대칭을 적용할 때조차 그의 이론은 수학자들에게나 컴퓨터 모두에게 어마어마한 도전이다.

아인슈타인은 자신의 공식을 풀기가 힘들다는 것을 알고 있었고, 우주가 어떤 단순한 대칭성 내지는 동일성을 갖고 있다고 추정하지 않는 한 그다지 많은 전진을 하기 힘들 거라는 사실도 함께 알고 있었다. 1915년에, 우주가 분포되며 퍼져 나갔다는 그의 설명은 세간에 알려진 바가 거의 없었다. 대다수의 천문학자들이 은하계를 격리된 '섬 우주' 같은 것으로 생각하고 있었다. 나머지의 일부 천문학자들은 전 우주 공간에 걸쳐 상당히 획일적인 형태로 흩어져 있는 물체들 중의 하나에 불과하다고 믿었다. 후자가 아인슈타인에 가장 가깝게 다가선 것이다. 은하는 가스와 먼지들이 별과 한데 뒤엉켜 있는 이지러진 평판으로서, 그것이 우주 전체의 형상이라면 적절하게 묘사하기가 매우 힘들 것이다. 두번째의 선택이 나은 것이라면, 은하계와 다른 우주들이 거대하고 부드럽게 퍼져 나가는 물질들로 이루어진 섬세한 존재라는 것을 설명하기에 적합한 생생하고 준비된 묘사를 가능케 하는 까닭이다. 아인슈타인에게는 마흐 원리로부터 생겨난 거대한 크기의 부드러운 우주를 선호하는 철학적 이유도 있었다. 만일 우주가 어디에서나 같은 성질을 띠고 있는 것이라면, 중력의 효과를 설명하는 데 도움 줄 수 있을 특별한 이론의 틀을 짜기 위해서, 물질의 분배라는 견고한 기반 위에 자신의 우주론을 확고히 발디딤할 수 있을 것이었다.

그리하여 약간의 귀중한 관찰 증거들을 가지고서 아인슈타인은 우주가 어디에서나 같은 특징을 가진 존재, 즉 동질적인 것인 동시에 적어도 척도상에서는 성운처럼 관찰된 덩어리보다는 훨씬 큰 존재로 단순화하기로 결정했다. 그는 또한 우주를 모든 방향에서 같은 것을 바라보는 등방성(等方性)의 존재로 추정했다. 이러한 2개의 추정이 **우주론 원리**를 형성한다.

우주론 원리

동질성과 등방성에 관한 두 가지 추정은 서로 연관되어 있지만 등가적이지는 않다. 등방성은 관찰자가 특별한 장소에 머물고 있지 않다는 추가적인 추정이 없이는 반드시 동질성을 포함하지 않는다. 구형의 형태로 대칭적인 분배를 하고 있는 물체를 통해 등방성을 확인할 수 있어도, 단 그것은 우리가 그 상황의 한가운데 있을 경우일 뿐이다. 중심을 향해서 고리 모양이 수놓여진 원형 카펫은 오직 관찰자가 문양의 한가운데 서 있을 경우에만 등방적인 것으로 비칠 것이다. 우리 인간이 우주 내의 특별한 장소에서 살고 있는 것은 아니라는 주장은, 근대 우주론이 역사에 빚을 지고 있는 소위 **코페르니쿠스 원리**라고 불린다. 관찰된 등방성은 코페르니쿠스 원리와 함께 우주론 원리를 이룬다. 밤하늘을 올려

다본 사람이라면 누구라도 알게 되듯이, 은하계는 명백히 등방적이지 않다. 그것은 하늘 저편으로 뚜렷이 굽은 띠를 갖추고 있다. 그러므로 다만 은하계로 이루어진 우주는 우주론 원리와 양립할 수 없다.

'우주론 원리'라는 용어가 거창하게 들리긴 해도, 그것의 기원에 대해서 환상을 가져서는 아니 될 것이다. 자주 있는 일은 아닐지라도, 원리는 연구를 진행할 정보가 없는 상태에서 일련의 진보를 하기 위한 일환으로 등장하는 것이다. 우주론도 여기에 예외는 아니었다. 이러한 추정들은 오늘날 기본적으로 옳은 것으로 받아들여졌다. 1920년대에, 성운이 명백하게 은하계 바깥에 있다는 논문들이 출간되었다. 그리고 은하의 거대한 분배와 우주 극초단파 배경을 관찰한 최근 탐구에 의하면, 우주는 광범위하게 부드러운 구조로 되어 있다는 것이 알려지고 있다. 천문학자들이 왜 우주가 특별한 대칭성을 갖고 있는지, 그에 대한 합리적이며 자각적인 논쟁을 하기에 이른 것은 단지 최근에 들어서의 일이다. 거대하고 부드러운 은하의 신비한 기원은 소위 수평선 문제라고 불려 왔으며, 제8장에서 논의한 우주 팽창에 의해 제기된 하나의 주제이다.

아인슈타인의 최대 실수

우주론 원리로 무장하고서, 아인슈타인은 우주에 관한 자체적으로 항구한 수학적 규범을 구축할 수 있었다. 하지만 그는 곧바로 문제 속으로 뛰어들었다. 우주론이 적용되는 그의 공식들 중

어느 하나라도 풀고자 한다면, 공간-시간이 역동적이어야 한다는 그의 이론의 피할 수 없는 결과였다. 이것은 시간과 함께 정지되고 변하지 않는 우주의 표본을 구축하는 일이 불가능하다는 것을 의미했다. 비록 당위적인 결론은 아니었어도, 그의 이론은 팽창하거나 축소되는 우주를 필요로 했다. 아인슈타인은 천문학에 관한 해박한 지식을 갖고 있지 못했다. 그는 전문가들에게 아득히 먼 별의 운동에 관해 물었다. 어쩌면 그가 잘못된 질문을 던졌기에, 그는 일반적으로 별들은 태양으로 접근하는 것도 아니고, 태양으로부터 물러나는 것도 아니라는 답을 얻었다. 이것은 우리 은하계 안에서는 진실이지만, 그 바깥의 은하계에 대해서는 진실이 아님을 오늘날 알고 있다.

아인슈타인은 우주가 정적인 것이라고 굳게 믿은 나머지 자신의 최초 공식으로 회귀했다. 그는 정적인 우주의 성격을 그대로 견지할 수도 있지만, 그것에 약간의 절충을 가해서 시간과 함께 팽창하거나 축소되는 우주의 표본을 향한 자신의 취향을 중화시킬 수 있다는 사실을 알았다. 그가 소개한 절충이란 '우주론 정수'였다. 이 새로운 이론적 용어는 거대한 크기의 중력의 특성에 가해진 변형을 가리킨다. 우주론 정수는 공간 자체가 팽창하거나 축소되는 성향을 가지도록 허용하고, 그리하여 우주가 강제적으로 팽창하거나 축소당할 경우 정확히 균형을 취할 수 있도록 이론에 적용할 수도 있었다.

한동안 이 결정에 만족한 채 아인슈타인은 정적인 우주론적 모형을 구축하기 시작해서 1917년에 출판하였다. 그로부터 수년 후인 1929년, 허블이 우주는 정적인 것이 아니라 팽창하고 있는 존재라는 개념을 수용하게끔 만든 연구 결과를 발표했다. 아인슈타인의 초기 모델은 이제 다만 역사적 흥밋거리가 되고 말았다. 천체의 팽창을 방지할 필요 없이, 우주론 정수를 소개할 필요도 없었다. 만년에 아인슈타인은 이 일화를 두고 자신이 과학 연구에 몰두하면서 만들어 낸 가장 큰 실수였다고 언급했다. 이것은 통상 우주론 정수를 두고 한 말이었지만, 진짜 실수는 우주의 팽창을 예측하지 못한 데 있었다.

비록 최근까지 대부분의 우주학자들이 자신들의 이론에 우주론 정수를 포함시키지 않았던 것에 만족했지만, 이것은 실질적으로 멀리 전진하지도 않았다. 우주론 정수는 다락방에 숨어 살고 있는 미친 친척처럼 우주학의 뒷전에서 잠복하고 있었다. 이제 우리는 다음장에서 이것에 관해 알아볼 것이지만, 이것은 모호함을 부수고 자유로운 세상으로 나와서 다시금 우주론의 선도적 역할을 맡고 있다. 본장의 마지막 부분에 가서 이에 관해 잠시 설명하도록 하겠다.

프리드만 모형

아인슈타인은 1915년에 일반 상대성 이론을 발표함과 동시에 곧바로 10여 년간 우주론으로 방향을 바꾸어 몰입했는데, 이런 유형으로 그가 유일무이한 과학자는 아니었다. 비슷한 과학자들 중의 한 사람으로, 알렉산드르 프리드만으로 알려진 러시아의 모호한 물리학자가 있다. 현대적 빅뱅 우주론의 기초를 이루었던, 팽창하는 우주에 관한 수학적 표본을 개발했던 사람은 아인슈타인이 아니라 프리드만이었다. 그의 업적은 페트로그라드의 점령 기간 동안 극단적인 난관 속에서 이루어진 것이었기에 더욱 눈부신 것이었다. 프리드만은 1922년 출간된 작품이 아무런 국제적인 인정을 얻지도 못한 채 1925년에 사망했다. 스탈린은 그의 사후에 그가 연구 활동을 하던 학원마저 폐쇄시키고 말았다. 벨기에 출신의 목사였던 조르주 르메트르가 훗날에 가서 독립적으로 이 분야의 같은 결과를 발견하였는데, 그를 통해 비로소 프리드만의 이론이 서구 유럽에 부각되었다.

프리드만의 간단한 모형은 우주론 원리가 간직한 내용들을 통해 얻어진 아인슈타인 공식을, 우주론 정수는 존재하지 않는다고 추정하면서 풀이하는 특별한 해결 방식이었다. 우주론 원리는 그의 모형에서 지대한 역할을 담당한다. 상대성 이론에서 공간과 시간은 절대적인 것이 아니었다. '언제' '어디서'로 요약되는 이들 두 사건에 대한 수학적 표현은, 개념을 설명하기가 몹시 힘든 매우 복잡한 사차원의 '공간-시간'을 포함하고 있다. 일반적으로 아인슈타인의 이론은 공간과 시간을 모호하지 않은 방식으로 구분하는 법을 모른다. 그런 결과 관찰자들은 운동 상태와 중력에 따라 변하는 사건들 사이에서 경과하는 시간에 관해 제각각의 의견을 내놓을 것이다. 여기서 우주론 원리를 적용시키면, 이처럼 시간 개념을 복잡하게 만드는 요인들을 훨씬 간단하게 만들 수 있는 특별한 방편이 생겨난다. 만일 우주가 어디에서나 같은 밀도를 가진 것이라면(어디에서나 동질적인 조건하에서), 물질의 밀도 자체가 일정한 시간을 한정한다. 우주가 팽창한다면 입자들 사이의 공간은 늘어날 것이며, 물질의 밀도는 궁극적으로 낮아질 것이다. 시간이 흐를수록 물질의 밀도는 더욱 낮아진다. 마찬가지로 높은 밀도는 빨라진 시간을 포함한다. 관찰자들이 우주의 어떤 밀도를 가진 곳에 시계를 가져가서 시간을 맞추어 놓더라도, 그들의 시계는 완벽하게 같은 시간을 가리킬 것이다. 말하자면 완벽한 동시성이 실현되는 셈이다. 이렇게 측정되는 시간을 흔히 '우주 적정 시간'이라 일컫는다.

어디에서나 밀도가 같은 까닭에, 아인슈타인의 공식을 통해 공간의 휘어짐을 결정짓는 것은 물질 그리고/혹은 에너지의 밀도이다. 우주론 원리는 또한 공간 이중력에 부응하여 휠 수 있다는 사실을 간명하게 해석한다. 공간은 휘어질 수 있지만, 단 어느 지점에서나 같은 양상으로 휘어져야만 한다. 이러한 현상이 발생하는 데는 실제적으로 세 가지 방식밖에는 없다.

어느 지점에서나 같은 휘어짐을 갖는 분명한 방식은, 어느 지점에서나 휘어짐을 갖지 않는 일이다. 대개 이것을 **평평한** 우주라고 부른다. 평평한 우주에서는 빛이 직선으로 여행하고, 유클리드 기하학의 모든 원리들이 '정상적인' 세계에서와 똑같이 적용된다. 그런데 공간이 휘어 있지 않다면 중력에는 어떤 일이 일어날까? 평평한 우주에 물질이 존재하는데, 왜 그것은 공간을 휘게 하지 않는 것일까? 이에 대한 답은 이렇다. 즉 우주의 질량이 공간을 휘게 하지만, 그것은 우주가 팽창하는 힘에 의해 정확하게 균형을 유지한다는 것이다. 물질과 힘은 각자의 중력 효과를 부정하기 위해 서로 협력한다. 어느 경우에나, 심지어 공간이 평평해지는 경우에도 공간-시간은 여전히 **휘어져** 있을 것이다.

평평한 우주는 확실히 특별하다. 물체가 끌어당기는 중력과 팽창하는 힘 사이의 정확한 균형을 요구하기 때문이다. 이러한 균형이 깨지면, 2개의 다른 선택적 세계로 대치된다. 만일 우주가 높은 물체 강도를 가지고 있다면, 그 내부의 질량이 지닌 중력 효과가 승리하며, 이 힘은 공간을 구체 표면 위의 삼차원 그림처럼 자신에게 끌어들인다. 이러한 상황에서 공간의 휨 정도는 수학적으로 양(陽)이다. 이것은 **닫힌 우주**로서, 광선은 서로 한 점에 모여든다. 평평한 우주가 모든 방향으로 무한하게 확장해 나갈 수 있다면, **닫힌 우주**는 유한하다. 어느 지점에서 출발한다 할지라도 여러분은 자신이 출발했던 지점으로 되돌아오게 될 것이다. 다른 하나의 선택적 세계란 **열린 우주**이다. 이것은 또한 무한한 세계이지만, 닫힌 세계보다도 시각적으로 그려 보기가 힘들다. 공간의 휨이 수학적으로 음(陰)인 까닭이다. 그림 5에 소개된 이차원 세계의 형태에서 볼 수 있듯이, 열린 세계에서 광선은 각각의 방향으로 갈라진다.

여기 제시된 공간 표본들은 시간 속에서 전개되는 각각의 특유한 형태를 보여 주고 있다. 닫힌 우주는 유한한 공간이면서, 또한 유한한 생명을 갖고 있다. 어느 시간에 우주가 팽창하기 시작했다가 닫히게 되면, 팽창 속도는 천천히 늦추어질 것이다. 궁극적으로 우주는 팽창을 멈추고 재차 붕괴될 것이다. 열린 우주와 평평한 우주는 영원히 팽창할 것이다. 중력은 언제나 프리드만 모형의 우주 속에서 팽창과 대결하고 있지만, 오직 닫힌 우주에 있어서만 승리를 거둘 것이다.

프리드만 모형은 현대의 빅뱅 이론을 여러 면에서 떠받치고 있다. 그런 동시에 빅뱅 이론이 갖고 있는 가장 취약한 면을 해결하

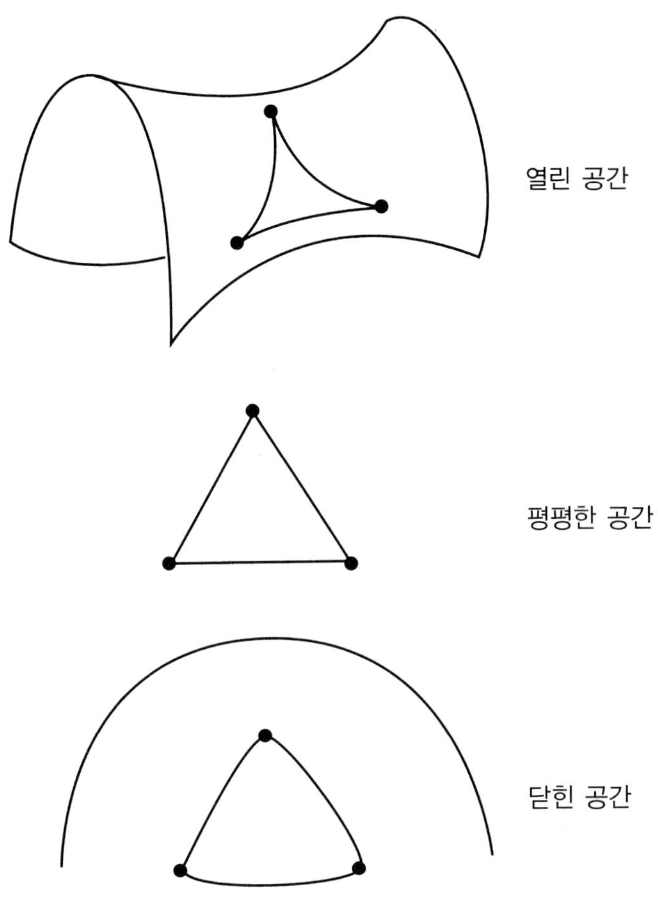

5. 열린, 평평한, 닫힌 이차원의 공간들. 중앙에서 보는 것처럼 평평한 이차원 공간에서 유클리드 기하학 법칙은 참인 것으로 드러난다. 이 경우 삼각형의 내각의 총합은 180도이다. 바닥의 구체에서 보는 것처럼 닫힌 공간에서는 삼각형의 내각의 총합이 180도를 웃돈다. 반면에 마치 말안장 같은 모습의 열린 공간에서는 180도를 밑돈다.

는 열쇠를 쥐고 있다. 만약 우리가 이 계산을 우주 팽창을 되돌리기 위해 이용하여 우주의 현재 상태로 시간을 되돌릴 수 있다면, 우주는 처음 우리가 출발했던 순간보다 강한 밀도를 가지게 될 것이다. 만일 우리가 아득한 먼 과거로 돌아가고자 한다면, 수학은 **단일성**에서 분산되어 버릴 것이다.

중력의 단일한 특성

수학에 있어서, 단일성은 개별적인 수량의 숫자 값어치가 계산 도중에 무한대로 되어 버리는 병리적인 속성이다. 매우 간단한 예로서, 다른 입자에 가해진 거대한 물체에 의해 생겨난 중력에서 비롯한 뉴턴 힘에 대해 생각해 보자. 이 힘은 두 물체 사이의 거리의 제곱에 역비례한다. 그리하여 영점(零點) 분리에서 물체의 힘을 계산하는 경우 결과는 무한대가 될 것이다. 단일성은 언제나 심각한 수학적 문제를 표시하는 것은 아니다. 때때로 그것들은 부적절한 좌표의 선택으로 인해 야기된다. 예를 들면 일반적인 표준 지도의 도형을 대할 때 무언가 이상한, 혹은 단일성에 가까운 점이 발견된다. 지도는 북극 언저리를 유심히 살펴보기 전까지는 꽤 정상적인 것으로 보인다. 적도를 기준으로 투사된 표준적인 지도에서, 북극은 마땅히 위치해 있어야 할 지점에 있지 않고 지도의 상단을 따라 직선적으로 뻗어 있다. 만일 당신이 북극을 여행한다면, 그곳에서 어떠한 위험도 만나지 않을 법하다. 이러한 특징을 나타나게끔 하는 단일성은 좌표 단일성의 본보기라고 할 수 있으며, 다른 종류의 투사를 통해서 여러 형태로 변형을 가져올 수 있다. 이러한 단일성을 건너가는 동안 어떠한 특별한 여분의 사건도 일어나지 않을 것이다.

단일성은 일반 상대성 공식을 풀이하는 과정에서 낮아지는 진동수로 인해 생겨난다.이들 중 하나는 위에서 방금 언급했던 좌표 단일성이다. 이것이 특별히 심각한 현상은 아니다. 그러나 아인슈타인의 이론은 물체의 밀도나 온도 같은 실제적인 물리적 양이 무한대로 변하는 실질적인 단일성의 존재를 예측한 점에서 특별하였다. 공간-시간의 휨도 또한 어떤 상황에서는 무한대로 될 수 있다. 이러한 단일성의 존재는 극단의 밀도에서 물체의 중력 효과를 표현하는 일련의 기본 물리학이 아직 이해의 범주에서 벗어나 있다는 사실을 시사하고 있다. 양자 중력 이론이 물리학자들에게 무한대로 되는 모든 수학적 수량이 제거된 상태에서, 블랙홀의 깊은 내부에서 무슨 일이 일어나는지를 계산하게 하는 일은 가능하다. 실제로 아인슈타인은 1950년에 다음과 같이 기록한 바 있다.

이 이론은 중력장의 개념과 물체를 별도로 한 점에 기초하고 있다. 이것이 취약한 중력장에게는 유효한 접근이 될 수 있겠지만, 어쩌면 매우 높은 밀도를 가진 물체에 있어서는 꽤나 부적절한 것일 수 있다. 따라서 고밀도에서 공식의 유효성에 대해서 장담할 수 없으며, 단지 통합 이론에 있어서만이 그러한 단일성이 존재하지 않을 것이 가능하다는 것이다.

아마도 가장 유명한 단일성의 본보기는 블랙홀의 중심에 놓여 있을 것이다. 이에 관해서는 완벽한 구체의 대칭성을 가진 구멍을 해석하였던 슈바르츠실트에게서 최초의 사례를 찾을 수 있다.

오랫동안 물리학자들은 이러한 종류의 단일성의 존재가 단지 구체적(球體的)인 해석에서 엿볼 수 있는 오히려 인위적인 특수한 성격에서 비롯한다고 생각했다. 하지만 일련의 수학적 검토를 통해서 로저 펜로즈를 비롯한 여러 과학자들은 어떠한 특별한 대칭성이 요구되는 것도 아니며, 단일성은 어떠한 대상이라도 그들 자체의 중력으로 무너져 내릴 때면 언제라도 발생하는 것임을 보여주었다.

처음부터 이러한 단일성의 존재를 예견하였던 사실에 대해 마치 사과라도 하는 것처럼, 일반 상대성 이론은 우리 독자들에게 그것의 존재를 감추기에 전력을 다하고 있다. 슈바르츠실트의 블랙홀은 단일성 자체로부터 외부의 관찰자를 효과적으로 보호하는 사건 지평(事件 地坪)으로 에워싸여 있다. 일반 상대성 이론의 모든 단일성은 이런 방식으로 보호되고 있는 것 같으며, 소위 **순수 단일성**은 물리학적으로 비현실적인 것으로 간주된다.

1960년대 블랙홀의 단수성에 관한 수학적 특성을 저술한 로저 펜로즈가 스티븐 호킹의 주의를 끌었다. 호킹은 그의 개념을 이곳저곳에 적용시키려고 했다. 펜로즈는 물체가 자신의 중력으로 붕괴되는 미래의 순간에 어떤 일이 일어날 것인지에 관해 사색했다. 호킹은 오늘날 팽창하는 것으로 알려진 체계, 다시 말해서 우리들의 우주에 과거에 무슨 일이 일어났었는지 이해하는 문제 대신에 이 개념들을 적용할 수 있을 것인지 흥미를 가졌다. 호킹은 이 문제를 두고 로저 펜로즈와 접촉을 했고, 그들은 우주론적 단일성의 문제를 함께 풀어 나갔으며, 그 결과가 오늘날 세상에 다 알려지게 되었다. 그들은 함께 팽창하는 우주 표본이, 온도와 밀도가 무한대로 되는 최초의 바로 그 순간부터 단일성의 존재를 예상한다는 것을 보여 주었다. 우주가 열려 있건 닫혀 있건 평평하건 간에, 우리의 이해에는 근본적인 장벽이 존재하는 게 사실이다. 태초에 무한이 있었다.

대부분의 우주학자들이 빅뱅 단일성을 위에서 언급한 블랙홀 단일성과 같은 방식으로 해석하고 있다. 즉 아인슈타인의 공식은 초기 생성 우주의 한 시점에서, 극도로 거대한 물리적 힘에 의해 붕괴된다는 것이다. 이것이 사실이라면 우주의 초창기 팽창 상태를 이해할 수 있는 유일한 희망은, 보다 완전한 이론을 통해서만 가능하다. 아직까지 그러한 이론이 없기에 빅뱅은 미완성의 이론으로 남아 있다. 특히 우리는 이 우주가 열린 것인지 닫힌 것인지 여부를 알기 위해서 총에너지 예산을 묻고 싶어하기 때문에, 단지 이론만으로는 이러한 선택적인 상황이 정작 '옳은' 것인지 아닌지 단언할 수 없다. 이러한 결핍으로 인해 빅뱅을 표현하는 말로서 '이론'보다는 '모형'이 더욱 적절한 언어일지도 모른다. 우주의 초기 조건을 알지 못한다는 문제는, 곧 우주학자들이 우주가 계속해서 영원히 팽창할 것인지 아닌지 그에 대한 답변을 여전히 하지 못하고 있다는 이유가 바로 거기에 있다는 사실이다.

4

팽창하는 우주

지금까지 필자는 이론물리학이 발전해 온 길, 그 중에서도 일반 상대성 이론이 1920년대 우주 이론 개발에 중요한 선구적 역할을 해왔던 점에 주목했다. 그런데 이러한 새로운 개념일지라도 기술적으로 향상된 천문학 기자재들이 천문학자들로 하여금 은하까지의, 혹은 은하계 사이의 거리에 대한 신뢰할 만한 추산을 가능케 하였기에 수용될 수 있었던 것이다. 본장에서 필자는 이러한 관찰에 대해 알아보고, 그것이 어떻게 이론적 틀에 들어맞는지에 관해 알아보도록 하겠다.

허블 법칙

팽창하는 우주의 특성은 허블 법칙이라고 불리는 하나의 단순한 공식에 요약되어 포장되어 있다. 이 공식에 의하면, 관찰자로부터 멀어져 가는 은하의 표면 속도 v는 그것까지의 거리 d에 비례한다. 현대에 들어서는 비례 정수가 곧 허블 정수로 알려져 있으며, H 혹은 H_0의 기호로 표기되고 있다. 따라서 허블 법칙은 $v=H_0 d$로 표현된다. 여기서 v와 c의 관계는 선형 관계로 불리어지는데, 만일 여러분이 허블처럼 일정한 은하 표본을 통해 그 거리와 속도를 측정하여 도표를 작성하려고 한다면, 그것들이 직선으

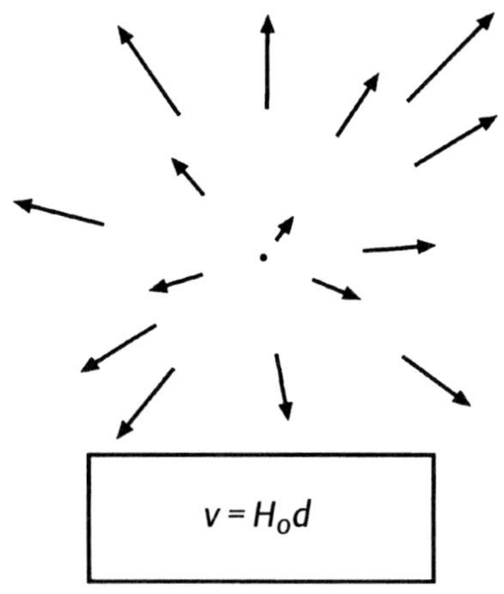

6) 허블 법칙. 가운데의 지점에서 관찰한 것으로, 허블 법칙은 멀리 떨어진 은하의 가시(可視) 후퇴 속도가 거리에 비례한다는 데서 출발한다. 그리하여 거리가 멀어질수록 후퇴하는 속도는 더 빨라진다. 팽창은 중심을 가지지 않는다. 우주 공간의 어느 점일지라도 근원지가 될 수 있다.

로 누워 있음을 알게 될 것이기 때문이다. 이 선의 경사값이 H_0이다. 허블 법칙은, 기본적으로 관찰자로부터 2배나 멀리 떨어진 은하는 2배의 빠른 속도로 멀어져 간다는 것이다. 3배로 멀리 떨어진 은하는 같은 식으로 3배로 빨리 멀어져 간다.

1929년에 허블은 은하 표본으로부터 나오는 분광 현상을 연구한 결과를 발표하면서 자신의 유명한 법칙을 출간하였다. 미국의 천문학자인 베스토 슬라이퍼도 역시 이 분야의 발견에 큰 몫을 맡았다고 할 수 있다. 1914년 초기에 슬라이퍼는 구름(이때부터 은하로 부르기 시작했던) 집단으로부터 나오는 분광을 수집하여, 비록 거리 측정은 서툴렀지만 이들 사이의 관계를 정리해서 보여주었다. 불운하게도 1914년 미국에서 벌어졌던 제17차 미국천문

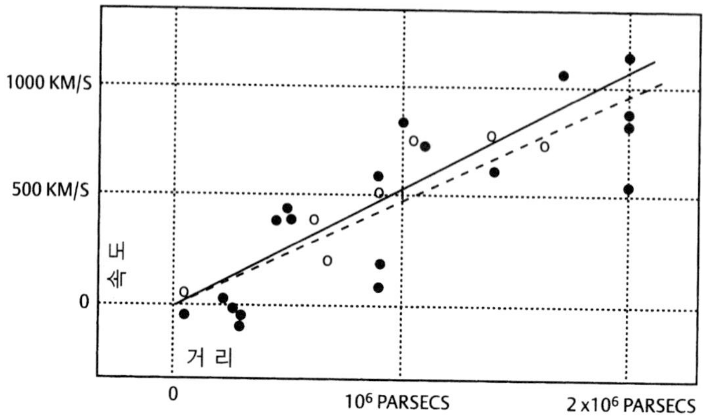

7) 허블 도형. 1929년 발표된 허블의 속도-거리 도면 초고. 근처의 은하들이 실제로 먼 은하들에 다가가고 있는 점에 주목할 필요가 있다. 그의 도면에는 상당한 수의 은하들이 분포되어 있다.

학협회의 회합에 제출되었던 슬라이퍼의 초창기 연구 결과들이 끝내 출판되지 못하고 말았다. 그리고 역사는 슬라이퍼가 이루었던 업적을 결코 정당하게 인정하려 들지 않았다.

그러면 허블은 어떻게 자신의 법칙을 발견했을까? 그는 분광기를 십분 이용했다. 은하로부터 날아오는 빛줄기들은 그 안에 들어 있는 모든 별들이 만들어 내는 갖가지 색깔들로 뒤섞여 있다. 분광기는 받아들인 빛을 자체의 색깔 분류 장치에서 분할하면서, 여러 색의 혼합을 별도로 분리시켜 분석할 수 있다. 같은 목적으로 프리즘이 간단한 방법으로 활용되고 있다. 보통의 프리즘으로도 백색 광선을 투사시키면 무지개와 닮은 분광 현상을 관찰할 수 있다. 그렇지만 천체 분광이 각기 다른 색깔을 지니는 것 이외에 방출선이라고 일컫는 날카로운 현상을 포함하고 있기도 하다. 이 선들은 다양한 힘 사이에서 자리를 옮기는 전자들에 의해 물체에 담겨진 가스로부터 생겨난 것이다. 이러한 전자들의 전이 현상은 원천이 되는 물체의 고유한 화학 작용에 달려 있는 유한한 파장 위에서 일어난다. 이들 파장은 실험실에서 정확하게 측정할 수 있다. 허블은 자신이 발견한 많은 은하계 속에서 방출선을 확인할 수 있었다. 하지만 측정한 분광 속에서의 위치와 원래 있어야 할 지점을 비교한 결과, 그는 선들의 위치가 대부분 다르다는 것을 알았다. 실질적으로 선들은 거의 모두가 긴 파장을 지닌 분광기의 붉은색 쪽으로 옮아가고 있었다. 허블은 이것을 도플러 이동이라고 명명했다.

도플러 이동

도플러 효과는 1840년대의 초창기부터 물리학계의 대대적인 취주를 받으며 소개되었다. 이것은 문자 그대로 사실인즉, 왜냐하면 이 효과를 전시하기 위한 최초의 실험에서 증기 기관차를 타고 이동하는 여러 명의 트럼펫 연주자들을 가담시켰기 때문이다. 이러한 응용은 소리의 원천과 수신기 사이를 오가는 상대적운동 중에서의 음파의 특성을 알아보기 위한 것이었다. 우리는 매일의 경험을 통해서 이 효과에 친숙하게 젖어 있다. 가령 달려오는 경찰차의 경적은 물러가는 경우보다 높은 음도를 낸다. 도플러 효과를 이해하는 가장 손쉬운 길은, 소리의 높이 혹은 음도는 그것이 만들어진 파장의 길이에 달려 있다는 것을 기억하는 일이다. 높은 음도는 짧은 파장을 의미한다. 만약 소리의 원천이 소리의 속도에 가까울 때는 앞으로 방출하고 있는 파장을 잡아채서, 결국은 파장이 줄어들게 된다. 이와 유사하게 원천이 뒤로 방출하

고 있는 파동의 앞으로 달려가서, 파동 사이의 차이를 늘리면서
시음도(視音度)를 낮춘다.

천문학적 장치에서 도플러 효과는 빛에 응용된다. 실험 단계에
서의 효과는 미미하지만, 광원의 속도가 빛의 속도에 버금가는
것일 경우에는 상당한 결과를 보인다. 음파에 대한 도플러 효과
는 자동차의 속도가 음속에 가까울 정도로 굉장히 빠르지 않는 한
매우 작다. 움직이는 물체는 관찰자에 다가갈수록 짧은 파장의 빛
을 방출하고, 멀어질수록 긴 파장의 빛을 방출한다. 짧은 파장의
경우에 빛은 분광기의 푸른색 쪽으로 이동하고, 긴 파장의 경우
에는 붉은색 쪽으로 각각 이동한다. 다르게 표현하자면 이 현상
은 푸른 이동(광원에 접근하는) 혹은 붉은 이동(광원으로부터 물러
나는)이라고 한다.

만약 광원이 흰 빛을 방출하고 있다면, 어떠한 빛의 이동도 관
찰하기 힘들 것이다. 각 광선들이 파장 x에 의해 붉은색으로 이동
했다고 치자. 파장 y로 방출된 빛은 파장 y+x의 조건에서 관찰될
것이다. 하지만 같은 양의 빛이 여전히 처음의 파장 y에서 관찰될
것이다. 이유는 파장 y-x에서 방출된 빛이 차이를 메우기 위해
이동할 것이기 때문이다. 그리하여 도플러 이동에도 불구하고 흰
빛은 여전히 흰색으로 보이게 된다. 도플러 효과를 보기 위해서
는 어떤 보상 현상도 나타나지 않는 불연속 주파수에서 일어나는
방출선을 보아야만 한다. 모든 선들이 분광을 통해 하나 내지는
여러 갈래로 이동할 것이지만, 선들은 각자 속도를 지키면서 이
동할 것이기에 상대적으로 실험실에서 휴식을 취하고 있는 광원
으로부터 얼마나 멀리 이동했는지를 확인하기가 매우 쉽다.

허블은 가까이 있는 것보다 훨씬 아득한 거리에 있는 은하를 대상으로 큰 규모의 붉은 이동을 측정하였다. 그는 자신이 보고 있는 것이 도플러 이동임을 추측했고, 분광의 이동을 속도의 측정으로 전환하였다. 이러한 '가시(可視) 후퇴 속도'를 거리에 대치시키자, 그는 유명한 선형(線型) 관계를 얻을 수 있었다. 비록 지금은 허블 법칙이 우주의 팽창을 표현하기 위해 차용되고 있지만, 허블 자신은 자신의 연구 결과를 가지고 이런 식의 해석을 시도할 생각은 하지 못했다. 그의 법칙을 갖고서 우주 전체의 팽창을 설명하고자 시도했던 최초의 이론가는 르메트르였다. 1927년에 출간된 르메트르의 저작은 1929년에 출간된 허블의 고전적 저작을 미리 예상하고 있으면서도, 당시에는 세인의 주목을 끌지 못했는데, 이유는 프랑스어로 씌어진데다 벨기에의 지명도 없는 잡지에 발표된 때문이었다. 1931년에 이르러서 영국의 천문학자 아더 스텐리 에딩턴이 그의 저작을 영어로 번역하여 영향력 있는 잡지였던 《왕립천문학회 월간보고서》에 발표하면서, 비로소 사람들의 주목을 받게 되었다. 우주 팽창과 허블 법칙의 동질성은 빅뱅 이론을 떠받치고 있는 주요 기둥 중의 하나이다. 그러므로 르메트르 또한 이러한 중요한 전진을 이루는 데 있어 커다란 공헌을 남겼음을 마땅히 인정해야 할 것이다.

허블 법칙의 해석

우리가 관찰하는 우주가 멀리 떠나가고 있다는 사실은 우리가 팽창의 한가운데 있음을 시사한다. 이것은 코페르니쿠스의 법칙을 어기고, 우리들 인간을 특별한 장소로 몰아넣는 것은 아닐까?

해답은 '아니오'이다. 어느 관찰자라도 떠나가고 있는 모든 존재를 바라볼 수 있다. 사실 우주 내의 모든 지점은 팽창에 관련하여서는 등가적이다. 게다가 허블 법칙은 우주 이론이 주장하고 있는 동질적이면서 등방적(等方的)인 우주 팽창에 적용되어**야만 한다**는 사실을 수학적으로 증명할 수 있다. 말하자면 허블 법칙은 우주가 팽창할 수 있는 유일한 방식인 것이다.

삼차원의 공간을 풍선 표면과 같은 이차원 공간으로 줄이면 상황을 시각적으로 이해하는 데 도움이 될 것이다. 이때의 우주는 닫힌 우주가 될 것이다. 하지만 기하학은 이런 종류의 도해를 특별히 고려하지 않는다. 만일 누군가가 풍선 표면에 점들을 찍고 그것을 부풀린다면, 각각의 점들은 각자가 팽창의 중심인 양 상대편에서 멀어져 가는 점들을 바라보고 있을 것이다. 그런데 이 유추에는 문제가 있다. 이차원 표면이 우리의 평범한 공간인 삼차원 안에 놓여 있다는 사실을 자각하게 되는 점에서이다. 그러므로 우리는 팽창의 실제적 중심인 것처럼 풍선 내부 공간의 중심을 바라볼 수 있다. 이것은 부정확하다. 우리는 풍선을 마치 우주 전체인 것처럼 생각해야 한다. 우주는 또 다른 공간 안에 누워 있는 것이 아니며, 거대한 구체의 중심이라는 것도 존재하지 않는다. 풍선 안의 모든 지점이 곧 중심이다. 이에 관련하여 종종 부대끼는 어려움은 실제로 빅뱅이 일어난 곳은 어디인가 하는 질문과 혼동이 된다는 것이다. 우리는 최초의 폭발이 일어났던 장소로부터 멀어져 가고 있는 것은 아닌가? 이 폭발은 어디에서 일어났는가? 이에 대한 대답은, 폭발은 어디에서나 일어났으며, 모든 것이 그것으로부터 멀어져 가고 있다는 것이다. 그러나 빅뱅이라는 단일성이 지배했던 최초의 순간에는, 모든 곳과 모든 것이 같은 자리에 존재하고 있었다.

르메트르가 세상을 떠난 지 70년이 더 지난 오늘에 와서도, 허블 법칙은 여전히 해석에 어려움을 던지고 있다. 허블은 속도를 측정했던 것이 아니라 붉은 이동을 측정했다. 우주론에서 종종 약어 z로 표기되는 붉은 이동은, 예상 이동 지점에서의 관찰된 선의 파장에 발생된 부분적인 변화를 가리킨다. 허블 법칙은 때로 후퇴 속도 v와 거리 d 사이보다 붉은 이동 z와 거리 d 사이의 선형 관계로 표현된다. 관련된 속도가 빛의 속도보다 훨씬 작을 때는 문제가 없는데, 이 경우에는 붉은 이동이 빛의 속도의 분수로 표현된 원천 물체의 속도와 대체로 대등하기 때문이다. 그리하여 z와 d가 비례하면 z와 v가 비례하고, v와 d가 또한 비례한다. 그러나 붉은 이동이 큰 경우에는 이 관계는 부서진다. 그렇다면 활용할 수 있는 정확한 형식은 무엇인가? 프리드만 모형에서 허블 법칙의 해석은 놀랍도록 간단하다. 후퇴 속도 v와 거리 d 사이의 선형 관계는 심지어 속도가 임의적으로 클 경우에도 **명확**하다.

이 사실에 대해 여러분은 의구심에 사로잡힐 수도 있는데, 그것은 빛보다 빠른 물체는 없다고 들어 왔기 때문이다. 프리드만의 우주에서 물체간의 거리가 멀어질수록 관찰자로부터 멀어지는 속도는 더욱 빨라진다. 물체의 속도는 여러분이 원하는 어떤 수량에서도 빛의 속도를 추월할 수 있다. 이것은 어떠한 상대성 원리도 거스르지 않는다. 관찰자는 이 현상을 목격할 수 없기 때문이다. 이 현상은 무한대의 붉은 이동이다.

거리 d로 표현되는 내용과 그것을 어떻게 측정할 것인가 하는

데 대한 잠재적인 문제가 남아 있다. 천문학자들은 통상적으로 물체간의 거리를 직접적으로 측정할 수 없다. 그들은 아득한 은하까지 자를 늘릴 수도 없고, 거리가 워낙 크기 때문에 관찰자들처럼 삼각형을 활용할 수도 없다. 대신에 그들은 물체로부터 방출되는 빛을 이용해서 거리를 측정한다. 빛이 유한한 속도로 여행하는 까닭에 우리는 허블 덕분에 우주가 팽창하고 있고, 물체는 이전에 빛을 내보내며 있던 곳에 비해 지금은 같은 지점에 머물고 있지 않다는 것을 알고 있다. 그리하여 천문학자는 간접적인 거리 측정을 하지 않을 수 없으며, 실제적으로 물체가 위치한 지점을 정하기 위해서 우주 팽창을 정정하는 시도를 하지 않으면 안 된다.

그렇지만 여기서도 마찬가지로 이론의 도움을 받는다. 원천의 속도와 거리를 고려하자면 불필요하게 복잡하다. 대개 붉은 이동이 도플러 이동으로 간주되는 반면에, 이 효과를 설명해 주는 보다 간단하고 실제적으로 보다 정확한 방법이 있다. 팽창하는 우주 안에서, 임의의 지점 사이의 분리는 모든 방향으로 일정한 형태로 늘어난다. 늘어나는 그래프 용지를 상상해 보자. 어느 특정한 시간대의 종이에 그려진 격자 무늬가 처음에 보여지던 것과 달리 부풀려 있음을 보게 될 것이다. 상황의 대칭성이 보전되어 있기 때문에, 여러분은 오로지 격자 무늬가 종전의 상태를 회복하고자 팽창했던 요인을 알기를 원할 것이다. 이와 비슷하게 팽창하는 우주에게 동질성과 등방성이 남아 있는 까닭에, 여러분은 오로지 현재의 정보들로부터 지나간 과거의 물리적 조건들을 회화적으로 보여 줄 수 있는 전반적인 척도 요소를 찾고자 원할 것이다. 이 요소는 대개 약자 a로 상징되며, 그 양상은 앞장에서 언급된 프리드만 공식에 의해 통제받는다.

빛이 유한한 속도로 여행한다는 사실을 환기해 보자. 먼 거리의 원천으로부터 도달하는 빛은 과거의 어느 유한한 시간에 출발했을 것이 틀림없다. 방출의 시간에 우주는 지금보다 젊었다. 그리고 계속해서 팽창해 온 까닭에 당시의 우주는 보다 작았다. 만약 우주가 빛의 방출과 그것을 망원경이 탐지하는 시간 사이에서 어떤 요인에 의해 팽창되어 왔던 것이라면, 방출된 빛 파장 내지 광파는 공간을 통과하는 동안 같은 요인에 의해서 곧장 펴질 것이다. 예를 들어 우주가 3이라는 요인에 의해 확장되었다면, 파장은 3배가 될 것이다. 이것은 곧 2백 퍼센트의 증가를 말하며, 결과적으로 원천은 붉은 이동 2를 포함한 것으로 관찰되었다. 만일 팽창 요소가 단지 10퍼센트에 의한 것이라면, 붉은 이동의 수치는 0.1이 될 것이다. 붉은 이동은 우주 팽창으로 생겨난 공간-시간의 뻗어내기에서 비롯한다.

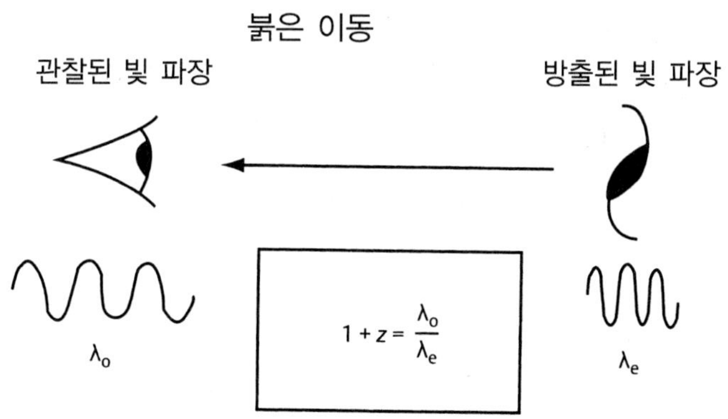

$$1 + z = \frac{\lambda_o}{\lambda_e}$$

8) 붉은 이동. 빛이 원천 은하로부터 관찰자에게로 이동할 때 우주 팽창에 의해 늘어난다. 결과적으로 도착할 때는 출발했을 때보다 긴 파장을 갖고 있다.

이 해석은 너무나 단순해서 오랫동안 물리학자들을 교묘하게 피해 왔다. 1917년에 빌렘 드 지터가 광선이 붉은 이동을 한다는 사실을 발견하고 이에 관한 우주론적 표본을 발표했다. 그는 자신의 연구 결과를 묘사하기 위해 생소한 좌표를 이용했기 때문에, 자신의 표본이 팽창하는 우주를 표현하고 있다는 사실을 깨닫지 못했다. 대신 그는 자신이 발견한 이상야릇한 중력 효과를 설명하는 데 주력했다. 여러 해 동안 드 지터 효과의 특성에 관한 상당수의 혼란이 있었지만, 이제 와서 그것은 지극히 단순한 것으로 알려져 있다.

또한 우주의 모든 존재가 팽창에 참여하는 것은 아니라는 사실을 강조하는 것이 중요하다고 하겠다. 중력 외의 여타 힘에 의해 뭉쳐진 물체들은 팽창에 참여하지 않는다. 여기에는 기본적 입자와 원자·분자 및 바위들이 포함된다. 이것들은 우주가 자신들 주위에서 부풀어오르는 동안 고정된 물리적 크기로 남아 있다. 중력의 힘이 지배적인 물체들 역시 팽창에 저항한다. 행성과 항성과 은하는 너무나도 큰 중력의 힘을 받고 있는 까닭에 우주의 여타 존재들과 함께 팽창하지 않는다. 심지어 은하보다도 큰 존재라고 할지라도 모든 물체가 서로에게서 멀어져 가는 것은 아니다. 예를 들어서 안드로메다 은하(M31)는 실질적으로 은하수에 접근하고 있는데, 이것은 이들 두 존재가 상호간의 중력에 의해 이끌리고 있기 때문이다. 어떤 은하의 거대한 무리들도 이와 유사하게 뭉쳐서 우주적 흐름에 대항한다. 이보다 더 큰 물체들은 개별적인 은하들처럼 반드시 일정 경계 내에 묶여 있어야 하는 존재는 아니지만, 그들의 중력은 허블 법칙을 왜곡하기에 충분하리만큼 여전히 강하다. 비록 지금은 허블 법칙의 선형성이 상당한

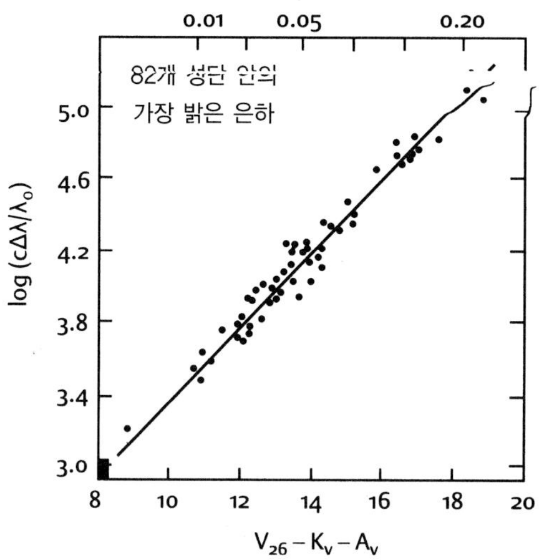

9) 최근의 허블 도면. 앨런 샌디지의 연구에 기초해서 작성된 속도-거리에 관한 최신의 자료이다. 여기에 표기된 거리 단위는 허블의 원본 도면보다 훨씬 규모가 크다. 도면 하단의 왼쪽에 표시된 검은 사각형이 허블이 1929년 발표했던 은하에 관한 정보들이다.

크기의 거리까지 잘 적용되고 있기는 하지만, 직선상에 있어서는 여전히 어수선하게 '흩어진' 것들이 남아 있다. 가령 통계적 오류들, 거리 측정에서 발견되는 불확실성 등이 그것들인데, 이것이 이야기의 전부는 아니다. 허블 법칙은 오직 이상적인 동질성과 등방성을 갖춘 우주 안에서 운동하고 있는 물체에게 있어서만 참되다. 우리의 우주는 거시적인 규모에 있어서는 대체로 균일하지만, 정확히 동질적인 존재는 아니다. 우주 덩어리는 허블 계획에 산재한 문제들을 일으키면서 순수한 '허블 흐름'으로부터 은하들을 비껴나게 한다.

그러나 모든 것 중에서도 가장 커다란 규모의 존재에게는, 시간과 함께 팽창하려는 우주적 경향에 대응할 만한 충분히 강한 힘이 없다. 그리하여 우주를 거대한 솔로 비유하자면, 이러한 국부적인 동요는 무시하고 쓸어 가면서 모든 물체는 허블 법칙이 표현한 속도로 상대편의 물체로부터 달아나고 있다.

H_0 탐색

지금까지 필자는 허블 법칙의 형식에 주목하면서, 그것이 이론적으로 어떻게 해석되고 있는지 알아보았다. 허블 법칙에 있어서는 논의해야 할 다른 중요한 내용이 있는데, 그것은 정수 H_0의 값이다. 허블 정수 H_0는 우주론 분야에서 가장 중요한 숫자의 하나이다. 하지만 이것은 빅뱅 모델이 실패하는 이유들 중의 하나이다. 이론으로는 정작 중요한 이 숫자가 취하게 될 내용이 무엇인지 예측할 수 없다. 정수 H_0는 우리의 이론이 무너지는 우주의 시작 당시에 수록된 정보들 중의 일부이다. 관찰을 통해 H_0의 참된 값을 찾는 일은 실로 복잡한 작업이다. 천문학자들은 두 가지의 측정 방식을 필요로 하고 있다. 첫째, 분광기를 통한 관찰은 은하의 붉은 이동 현상과 속도를 보여 준다. 이것은 직접적인 방식이다. 둘째, 실행하기가 몹시 까다로운 거리 측량을 통한 방식이다. 여러분이 자신으로부터 정확한 거리를 알 수 없는 지점에, 전구가 매달려 있는 어둠침침한 커다란 밀실에 들어 있다고 가정해 보자. 이 상황에서 여러분은 전구까지의 거리를 어떤 식으로 짐작할 수 있을까? 한 가지 방법으로는 삼각 측량을 이용하는 방법이 있을 것이다. 여러분은 경위의(經緯儀) 같은 탐색기를 들고 방 안을 이리저리 오가면서 각각의 방향에서 전구의 각도를 재고, 삼각법을 활용해서 거리를 잴 수 있을 것이다. 달리 취할 수 있는 접근은 전구에서 뿜어져 나오는 빛의 특성을 이용해서 거리를 측정하는 일이다. 전구가 1백 와트 용량의 것이라고 하자. 그리고 여러분은 노출계를 갖추고 있다고 가정하자. 노출계를 이용해서 여러분에게 쏟아지고 있는 빛의 양을 측정하는 동시에, 빛의 강도가 거리의 제곱에 따라 하락한다는 사실을 염두에 두면서 여러분은 전구까지의 거리를 추론할 수 있을 것이다. 만일 여러분이 사전에 전구의 용량을 알고 있지 못했다면 이 방법은 불가능하다. 다른 한편으로 방안에 똑같은 모양과 용량을 갖춘 2개의 전구가 매달려 있는 경우에는 상대적인 거리를 쉽사리 파악할 수 있을 것이다. 예를 들어서 하나의 전구가 다른 전구에 비해 독서에 필요한 광도가 4배나 작은 빛을 내보내고 있다는 사실을 노출계로 확인했다면, 첫번째의 전구는 두번째의 전구보다 2배로 먼 거리에 있음이 틀림없다. 하지만 여러분은 여전히 전구들이 서로 얼마나 떨어져 있는지 정확한 답을 모른다.

이 착상을 우주론적 장치에 적용하면, 우주의 거리를 결정하는 데 따르는 문제들을 밝혀 준다. 삼각 측량은 어렵다. 특별한 상황을 제외하고는, 관심 대상의 거리에 매우 가깝게 이동하는 일을 실행할 수 없기 때문이다. 별과 그밖의 다른 대상을 이용해서 절대적인 거리를 측정하는 일도, 우리가 그들의 고유한 광도 혹은 출력을 알아낼 수 있는 방법을 찾아내지 않는 한 또한 어렵다. 가까이서 희미하게 떠 있는 별들이 아득한 공간 저편의 별들과 같은 밝기로 반짝이고 있는 것은, 가장 강력한 천체 망원경으로도 차이를 구별할 수 없기 때문이다. 만일 우리가 두 별이 같은 광도를 가진 별들이라는 사실을 알고 있다면, 상대적인 거리를 측정하는 일은 그다지 어렵지 않을 것이다. 은하계 바깥의 거리를 재는 중심적인 작업은 바로 이러한 상대적 거리 측량을 통한 눈금 매기기로 이루어지는 것이다.

이러한 어려움들을 돌아보면, 심지어 조야한 내용일지라도 우주의 크기를 이해하기 시작했던 것은 1920년대에 들어서의 일이었다는 사실을 기억해야 한다. 은하계 바깥에 나선형의 와상 성운이 존재한다는 허블의 발견이 있기 전까지, 사람들의 공통된 생각은 우주가 실제로는 매우 작은 존재라는 것이었다. 이제는 보통의 은하계처럼 나선형을 이루고 있는 것으로 알려진 와상 성운은 흔히 우리들의 태양계 같은 초기 우주의 구조를 보여 주고 있다고 여겨져 왔다. 허블이 우주론의 시조격인 발견을 공표했을 당시, 그가 얻어낸 H_0 값은 허블 정수의 일반 단위로 메가파세크 혹은 1백만분의 1초당 5백 킬로미터였다. 이것은 일반적인 추산보다 8배나 큰 값이었다. 허블은 거리 표시계 역할을 맡아 할 특정한 별을 지정하는 오류를 범했던 것이다. 1950년 바드에 의해 오류가 정정되었을 때, 정수 값은 같은 단위에서 2백50으로 떨어졌다. 1958년에 샌디지는 이 값을 50에서 1백으로 떨어뜨렸는데, 현재의 관찰을 통한 추정도 여전히 이 수준에서 머물러 있다.

H_0를 측정하는 현대적인 방법은 거리 표시계 용도의 축전지를 이용하는 것이다. 이것은 근거리의 별로부터 은하계의 별까지 거리에 따라 단계적으로 상승하게 되어 있으며, 가장 멀리 떨어진 성운이나 그 파편 덩어리에 이르면 멈추게 되어 있다. 하지만 기본적인 거리 측정 개념은 여전히 허블이나 샌디지가 개척했던 상태에서 머물고 있다.

은하의 크기를 알기 위한 기본적인 측정 개념으로, 첫째로 사람들은 지역운동학적 거리 측정 방법을 이용한다. 운동학적 방법은 광원의 절대적인 광도에 관한 지식에 의존하지 않는다. 이것은 위에서 언급한 삼각 측량 개념의 상사형이다. 상대적으로 근접한 거리에 있는 별들은 삼각법에 의한 시차를 이용하여 측정할 수 있다. 예를 들면 지구의 운동에 따라 1년 중 변하는 별들의 위치 변화를 확인할 수 있다. 천문학자들이 통상 이용하는 거리 단위인 파섹(PC)도 이 방법에서 비롯한 것이다. 1파섹 거리에 떨어져 있는 별은 지구가 태양의 한쪽에서 다른 한쪽으로 이동할 때, 1초 아크(호광; 弧光)의 시차를 발생시킨다. 참고로 1파섹은 3광년에 해당하는 거리이다. 중요한 천체 위성인 히파르코스는 우리 은하계에 떠 있는 수천 개의 별들을 대상으로 시차 측정을 실시한 바 있다.

다른 종류의 중요한 거리 표시계는 빛이 변하는 별들을 가리키고 있는데, 그 중 가장 중요한 별로 간주되고 있는 것은 세페이드 변광성(變光星)이다. 이들 물체의 변화성은 이들이 본래부터 갖고 있는 광도를 측정하는 열쇠가 되어 준다. 고전적인 세페이드 별은 밝게 빛나면서 변화를 거듭하는 별로서, 변동 시기 P와 절대 광도 L 사이의 매우 탄탄한 유대 관계를 보여 주는 것으로 알려져 있다. 그러므로 먼 거리에 떠 있는 세페이드 별을 대상으로 한 P 측정은 그것의 L을 추정할 수 있게 해주며, 결국 그 별까지의 거리도 알게 해준다. 이 별들은 너무나 눈부셔서 우리 은하계 바깥에서도 발견되며, 그들까지의 거리는 대략 4Mpc(4백만 pc)에 이른다. 세페이드까지의 거리 측정에서 발생된 오류들, 즉 별 사이의 흡수, 은하 회전, 그리고 무엇보다도 세페이드와 W 처녀자리 변광성이라고 불리는 다른 종류의 빛이 변하는 별들과의 혼동으로 인해 생겨난 오류들은 허블이 처음에 지나치게 크게 산정했던 $H_\circ$ 값에 원인이 있다. 다른 행성 거리 표시계로는 10Mpc까지 힘들이지 않고 가볍게 눈금 사다리를 올라갈 수 있는 것이 있다. 선택적으로 이것에는 **1차 거리 표시계**라는 이름이 붙여졌다.

2차 거리 표시계는 매우 뜨거운 별들로 둘러싸인, 이온화된 수소 구름들이 모여 있는 **HII** 지역과 10만 개에서 1천만 개의 별들로 이루어진 구형의 성단을 가리킨다. 전자는 직경이 있고, 후자는 중심 부근에 작은 파편의 성단을 소유하고 있으면서 절대 광도를 갖고 있다. 1차 표시계를 이용하여 구경을 측정하고, 2차 표시계를 이용하면서 거리 사다리를 1백 Mpc까지 펼칠 수 있다. 3

10) 허블 우주 망원경. 이 사진은 1990년도에 우주 왕복선에서 떨어져 나온 작은 운반선을 찍은 것이다. 허블 우주 망원경이 떠맡은 가장 중요한 계획은 먼 은하계의 별까지의 거리를 측정하는 것인데, 이는 허블 정수를 밝혀내기 위한 것이다.

차 거리 표시계는 가장 눈부신 은하와 초성운을 담당한다. 은하의 성단은 수천 개의 소운하를 소유할 수 있다. 우리는 거대한 은하 성단 안에 있는 가장 밝은 타원형의 은하계가 매우 표준적이며 완전한 광도를 지니고 있다는 사실을 알 수 있는데, 이것은 아마도 다른 은하를 잡아먹는 특별한 방식으로 형성되었기 때문이다. 밝게 빛나고 있는 성운들은 대부분 수백 Mpc의 거리에 떨어져 있다. 초성운은 전체 은하의 밝기에 버금가는 광도로 폭발하는 별들이다. 때문에 이 별들은 아득한 은하계 저편에서도 쉽게 눈에 띈다. 저마다 고유한 특성을 지닌 은하계의 수많은 별들 사이의 상호 관계를 파악하기 위해서, 간접적인 거리 측정이 많이

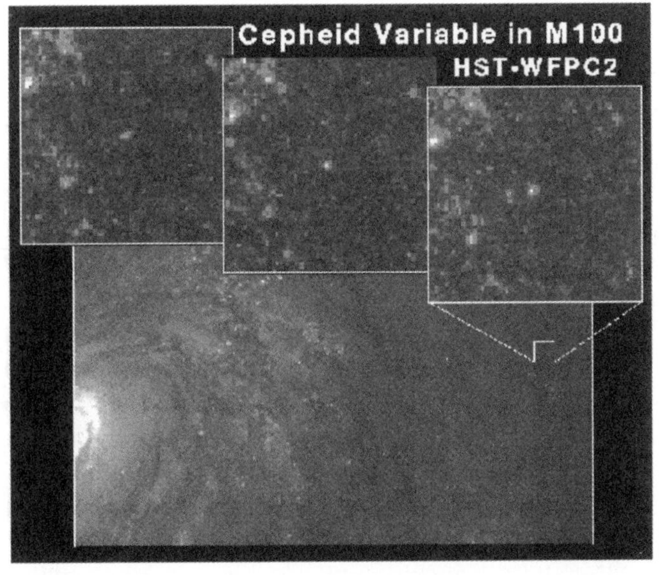

11) M 100의 세페이드. 허블 우주 망원경으로 촬영한 것으로, 3개의 영상은 현재 세페이드로 알려진 변광성의 존재를 가리킨다. 허블은 이 우주 망원경을 설치·가동하기 앞서, 그때까지 이용되었던 간접적인 방법들을 직접적으로 지나치면서 이 은하까지의 거리를 측정할 수 있었다.

시도되었다.

그러므로 H_0를 측정하는 일에 있어서는 기술적으로 더 이상 부족함이 없는 듯하다. 그런데 어째서 H_0의 값은 여전히 불확실하게 나타나고 있는 것일까? 한 가지 문제는 거리 사다리의 어느 단에서 일어난 작은 오류가 높은 단계의 사다리에 누적되는 방식으로 영향을 미친다는 데 있다. 각 단계에도 역시 수정해야 할 많은 요소들이 있다. 대은하 안에서 소은하의 회전이 미치는 영향, 망원경의 구경 변화에 따르는 결과들, 은하의 흡수와 엄폐, 그리고 온갖 종류의 관측에 연관된 편견들이 그것이다. 이토록 많은 불확실한 요인들을 가지고서, 우리가 아직까지 명확한 확신을 갖고 H_0 값을 결정할 만한 지점에 이르지 못했다는 것이 어쩌면 놀랄 만한 일도 아니다. 허블이 생존했던 시대부터 거리 측정을 두고 수없이 많은 논쟁이 있어 왔다. 이 끝없던 논쟁도 혁신적인 과학 기술의 발달로 인해 막바지가 보이는 것 같다. 무엇보다도 허블 우주 망원경(HST)은 비르고 성단 안에 있는 또 하나의 은하 안에서 직접 세페이드 변광성까지 영상에 담을 수 있다. 이것은 말하자면 거리 사다리의 전통적인 단계별 측정이 가져오던 불확실성의 주된 요인을 우회하는 방식인 셈이다. 거리 척도에 관한 HST의 주요 계획은 허블 정수의 값을 10퍼센트의 정확도로 고정시키는 데 있다. 이 계획은 아직 완성되지 않았으나, 최근의 추산으로는 Mpc초당 60킬로미터에서 70킬로미터에 이르는 범위에서 H_0 값을 정했다.

우주의 나이

만일 우주의 팽창이 한결같이 변함 없는 비율로 진행되어 왔다면, 허블 정수를 우주의 나이로 연관짓기는 매우 간단한 일일 것이다. 지금은 모든 은하들이 멀어져 가고 있지만, 최초에는 그들모두가 필경 한 자리에 있었을 것이다. 우리가 해야 할 일은 이사건이 언제 일어났었는지를 알아내는 것이다. 우주의 나이는 곧이 사건 이후에 흘러온 시간이다. 이것은 꽤 손쉬운 계산법이다. 말하자면 우주의 나이는 바로 허블 정수의 역인 셈이다. 최근의 H_0 추산에 의하면, 우주의 나이는 약 15조 년인 것으로 알려졌다.

이 계산법은 팽창을 저지하고 느리게 만들 수 있는 어떤 요인도 없는, 전적으로 텅 빈 우주에 있어서만 참되다. 프리드만 모형에 있어서는 우주에 얼마나 많은 물체가 존재하는지, 그 양에 따라서 팽창이 감속되었다. 우리는 얼마만큼의 감속이 허용될 것인지 정확히 모르고 있다. 그렇지만 우주의 나이는 언제나 우리가 방금 계산했던 수치보다 낮다는 것은 분명하다. 만약 팽창이 느려지고 있다면 이것은 과거에 빨랐다는 것을 의미하며, 우주가 있어야 할 제자리를 찾는 데 오래 걸리지 않았다는 것을 의미한다. 하지만 감속의 영향은 특별히 크지 않다. 평평한 우주의 나이는 대략 10조 년이다.

우주의 나이를 추정하는 독립적인 방법이 있다면, 우주 안의 물체들에 연대를 정하는 것이다. 빅뱅이 공간과 시간을 비롯하여 모든 물체의 기원을 말해 주고 있는 것이기에, 분명 우주 **안에** 우

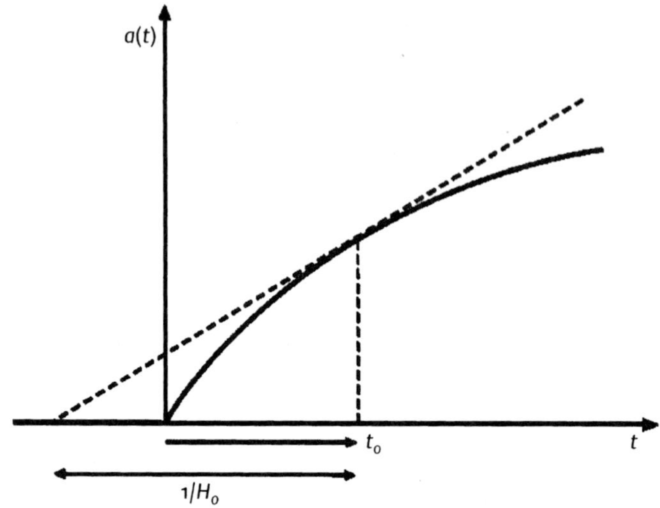

12) 우주의 나이. 그들이 열려 있건 평평하건 닫혀 있건, 보통의 프리드만 모형은 언제나 천천히 밑으로 내려온다. 이것은 허블 시간 $1/H_0$가 빅뱅 이후에(t) 실질적으로 경과한 시간을 언제나 초과함을 의미한다.

주보다 나이 먹은 것은 없다. 그러나 천문학적 대상에 연대를 붙이는 일은 쉽지 않다. 우리는 수명이 반으로 줄어드는 데 자그마치 몇 조 년이 걸리는 우라늄 235 같은 방사선 동위원소를 이용하여 지상의 바위들의 나이를 측정할 수 있다. 오늘날 잘 알려져 있는 이 방법은 고고학 탐사에서 활용되고 있는 방사성 탄소 연대 측정법과 유사하다. 단 한 가지 차이점이 있다면, 광활한 시간을 대상으로 하는 천문학적 응용에 있어서는 탄소 14보다 훨씬 긴 수명을 가진 물질을 필요로 한다는 것이다. 그런데 이러한 접근법들의 한계는 오직 태양계 안의 물체들을 대상으로 연대를 붙일 수 있다는 점이다. 달과 운석들은 지상의 물질들보다 나이가 많은 것이 사실이지만, 우주의 역사에 비추어 보면 매우 짧은 과거에 만들어진 것들이므로 우주론적 장치에서는 유용하지 못하다.

우주의 나이를 측정하는 가장 유용한 방법은 직접적이지 않다. 구형의 별 군집, 즉 성단을 연구함에 있어서는 강한 억제력이 요구된다. 군집한 별들은 다 함께 같은 시간에 형성된 것으로 간주되며, 대부분 매우 낮은 질량을 지녔다는 사실은 그들이 꽤 늙었다는 사실을 시사한다. 다 함께 같은 시간에 생성되었기에, 이 별들을 이용해서 이들이 어떻게 진화했는지 추정할 수 있다. 빅뱅이 있고 나서 최초의 성단이 만들어지기까지 얼마간의 시간을 허용해야 하는데, 이 별들은 우주의 나이를 추정하는 데 있어 낮은 한계를 준다. 근래에 들어서 논쟁이 있기는 하지만, 최근의 연구는 이 별들이 대략 14조 년이라고 알려 주었다.

이것이 평평한 우주 표본에는 즉각적으로 문제를 제기한다는 사실을 알 수 있다. 구형의 성단은 이러한 짧은 수명을 가진 우주에게 적용하기에는 너무 나이들었다. 이 주장은 우리가 열린 우주에서 살고 있다는 주장을 뒷받침해 주었다. 보다 최근에, 보다 급진적으로 별들의 나이는 다른 증거들과 정연하게 들어맞는 것 같다. 우주가 팽창 속도를 줄이기보다 늘려 왔다는 사실을 보여 주면서. 이것에 대해 제6장에서 좀더 자세히 다루도록 하겠다.

5

대폭발

　프리드만 모형의 기본적 이론의 틀이 오래전부터 있어 온 것임에 비하면, 빅뱅은 상대적으로 최근에서야 나타났다. 마치 우주의 소재가 시간 속에서 어떻게 진화해 왔는지를 쓸어 보는 커다란 솔 같은 개념으로서. 여러 해 동안 대부분의 우주학자들은 정상우주론 모델, 즉 항구적 상태 모형이라고 불리는 대체적 모형에 심취해 있었다. 실질적으로 빅뱅은 많은 변수를 갖고 있다. 현대 이론의 보다 꼼꼼한 어휘를 빌리자면, 차가운 첫 글자를 지녔던 구식의 경쟁자와 구별하기 위해서 '뜨거운 빅뱅'이라고 불러야 마땅하다. 이미 언급했던 것처럼 빅뱅을 이론이라고 말하는 것은 전적으로 타당한 것이 아니다. 이론과 모형간의 차이란 미묘한 것이다. 하지만 이것들에 관한 유용한 정의가 있는데, 대체로 이론이 전적으로 자기 충만(어떠한 매개 변수도 갖지 않고, 모든 수학적 수량은 앞서 규정되어 있다)을 지향하는 반면, 모형은 미완성의 상태이다. 빅뱅의 불확실한 초기 상태 덕분에 주조된 것처럼 분명한 예측을 하기가 어렵고, 결과적으로 실험하기도 쉽지 않다. 정상우주론의 옹호자들은 많은 경우의 예를 들면서 이것에 비평을 가했다. 역설적인 것은, 빅뱅이라는 용어가 처음에는 이 이론의 가장 유명한 불찬성자였던 프레드 호일 경이 BBC의 한 라디오 프로그램에서 저속한 용이로 품위를 떨어뜨리기 위한 요량으로 만들어 냈던 말이라는 것이다.

정상우주론

골드·호일·본디·날리카에 의해 전개된 정상우주론 모형에서, 우주는 팽창하고 있으나 그 내용물은 언제나 똑같다. 이 이론의 배경이 된 원리는 우주론을 일반화시킨 완벽한 우주론 원리라고 여겨지는 것으로, 우주는 시간과의 동질성을 포함하기 위해서 공간과의 동질성과 등방성을 유지한다고 했다.

정상우주론에서의 모든 존재는 시간 속에서 언제나 변함없어야 하는 까닭에, 이 모형의 팽창 비율도 역시 변함없어야 한다. 이것에 부합하는 아인슈타인 공식의 해결을 찾는 일이 가능해진다. 드 지터 해결이 그것이다. 우주가 팽창한다면 물질의 밀도는 시간이 감에 따라 감소해야만 한다. 아니면, 반드시 그래야만 하는 것일까? 정상우주론은 C-장의 존재를 가정하고 있는데, 이것은 우주 팽창에 의해 야기되는 희박화(稀薄化)에 대응하기 위해 일정한 비율로 물질을 만들어 낸다. **지속적 창조**라고 일컫는 이 과정은 실험실에서 관찰된 바가 없다. 여기서 필요한 창조 비율이 우주가 한 해를 거치는 동안 3입방미터당 1개의 수소 원자가 생겨난 식으로, 너무 작아서 직접적인 관찰을 통해 가능한 물리적 진행 과정으로서 지속적인 창조를 주시하기는 힘들다.

정상우주론은 경쟁 상대의 이론보다 실험하기가 수월했기 때문에, 여러 이론가들의 시각에 한결 나은 이론이었다. 특히 우주의 과거는 지금의 우주와는 달랐다는 모든 증거들이 이 모형을 주도할 것이었다. 1940년대말부터, 관찰자들은 멀리 떨어진 은하들의 물질이 근거리 은하의 것과 다른지 알아보려고 시도했다. 이 관찰은 실행하기가 어려웠고, 해석상의 문제들이 정상우주론의 옹호자들과 반대자들 사이의 신랄한 논쟁으로 이끌었다. 마틴 라일이 라디오 방송에 출연해서 중요한 진화의 증거를 찾았다고 주장하면서, 경쟁 상대인 프레드 호일과 신랄하게 맞붙었던 일이 대표적인 사례이다. 우연한 발견들이 이러한 논쟁에 독자적이고 결정적인 빛을 던져 주기 시작했던 것은 1960년대 중반기에 들어서였다.

결정적 증거

1960년대 초기에 아르노 펜지어스와 로버트 윌슨 두 물리학자는 지구환경연구소에서 방사 현상을 연구하기 위해 실시했던 통신 위성 실험을 의뢰받고, 뿔 모양의 기묘한 극초단파 안테나를 이용하고 있었다. 수립된 위성 통신 체계에 문제를 일으킬 수 있는 물질의 간섭을 연구하기 위한 망원경이 벌써부터 개발되어 있었다. 펜지어스와 윌슨은 사라지지 않고 일정하게 울려오는 소음을 발견하고 크게 놀랐다. 결국 여러 차례의 점검 끝에 망원경 주변에 둥지를 틀었던 비둘기를 제거하고 나서야, 소음은 그대로 사라지지 않을 것이라는 걸 알게 되었지만. 우연한 일치로, 그들이 거주하고 있던 뉴저지의 프린스턴 근처에서 디키와 피블즈를 포함한 여러 명의 천체물리학자들이 모여들어서 빅뱅으로 생겨난 방사선을 탐지하는 실험을 시도하고 있었다. 펜지어스와 윌슨은 자신들이 앞서가고 있음을 깨달았다. 두 사람은 1965년 《천체물리학 잡지》에 실험 결과를 수록했다. 여기에는 디키의 집단이 작성한 설명이 함께 첨부되었다. 펜지어스와 윌슨은 1978년 노벨상을 수상했다.

극초단파 배경의 발견은 극도로 세밀한 검토를 요하는 사건이었으며, 그 결과 지금 우리는 1965년 당시보다 많은 사실들을 알고 있다. 펜지어스와 윌슨은 그들이 발견한 소음이 보통의 기후 현상으로 발생하는 일상의 것이 아님을 알았다. 실제로 매우 높은 크기의 정형성을 갖춘 극초단파 배경 방사능은 심지어 공간에 고르게 분포되어 있지 않은 우리 은하계 내부의 물질들과도 어울리지 않으려고 한다. 이것은 단연코 별개의 은하 배경이다. 보다

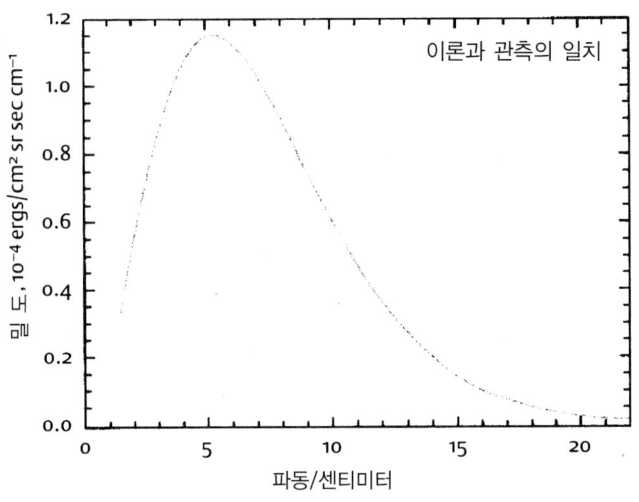

13) 우주 극초단파 배경의 분광 현상. 이 도표는 파장 함수로서의 측정된 우주 극초단파 배경의 밀도를 보여 준다. 이론과 측량이 이 도면에 함께 실려 있다. 양측의 동의는 너무나 일치해서 2개의 곡선이 서로 포개듯이 누워 있다. 이러한 완벽한 검은 물질의 특성은 우주가 뜨거운 빅뱅으로 시작되었다는 강력한 증거를 보여 준다.

중요한 사실은 이 방사선이 검은 **물질**이 실체라고 부르는 매우 특별한 부류의 분광을 지니고 있다는 것이다. 검은 **물질** 실체 분광은 원천 물체가 방사능의 완벽한 흡수체인 동시에 완벽한 방사체 일 경우에는 언제나 발생된다. 검은 **물질** 실체에 의해 생성되는 방사선은 흔히 열방사선이라고 불리는데, 완벽한 흡수와 방사가 원천 물체와 방사선 간에 열균형을 가져다 주기 때문이다.

이 방사선의 특색 있는 흑체 분광은 모든 이성적인 의심을 넘어서, 최초의 원시적인 불덩어리 상태에서 열 평형이 이루어진 조건에서 생겨났음을 보여 주고 있다. 지금 극초단파 배경은 매우 차갑다. 그것의 온도는 절대 영도에서 간신히 3도를 웃돌고 있다. 이 방사선은 우주 팽창의 영향으로 구성 광자들이 붉은 이동을 하듯이 점차 식어 온 것이다. 시계 바늘을 우주의 초기 진화의 순간으로 되돌리면 광자는 뜨거워지고, 더욱 많은 힘을 가진다. 마지막에 가서 방사선이 물체에 격렬한 영향을 미치는 단계에 이르게 된다. 보통의 가스는 핵을 중심으로 괘도를 돌고 있는 전자들로 구성된 원자로부터 만들어진다. 강력한 방사선장(場)에서 전자들은 괘도를 벗어나면서 분광을 형성하는데, 이때의 물체는 이온화되었다고 한다. 이 현상은 빅뱅이 있은 지 30만 년 후에 생겨난 것이다. 이 무렵의 온도는 수천 도에 달했고, 우주는 오늘날보다 1천 배는 작았고, 10억 배는 밀도가 강했다. 이 시기에 전체 우주는 태양의 표면처럼 뜨거웠다. 태양 역시 흑체에 가까운 방사선을 산발적으로 방출하고 있다. 완전한 이온화의 조건에서, 특히 자유 전자 같은 물체들과 방사선은 급속한 충돌을 겪으면서 열평형을 유지한다. 그리하여 우주는 이온화되는 순간에 빛에 대해 불투명해진다. 이 상태가 연장되고 온도가 내려가면서, 전자와 핵은 원자 안에서 재결합한다. 이 상황이 일어날 때, 광자의 흩어짐은 훨씬 효과적이지 못하다. 재결합 후에 우주는 이윽고 투명해지며, 그리하여 오늘 우리가 극초단파 배경으로 바라보는 것은 재결합 시기에 전자들에 의해 마지막으로 흩어진 차가운 잔존 물로서의 방사선이다. 마침내 방출 과정에서 벗어나면 이 방사선은 시각으로 확인할 수 있는 것이 되어서 분광의 자외선 부분에서 발견될 것이다. 그렇지만 우주의 팽창으로 인해 점차 붉은 이동을 해온 나머지, 지금은 극초단파 파장 길이의 적외선 부분에서 발견되고 있는 것이다.

하늘이 지닌 완벽에 가까운 등방성(等方性) 덕분에, 우주 극초단파 배경은 우주론 원리에 부합하는 몇 가지 증거들을 제공한다. 이것은 또한 은하와 그 성단의 기원에 대한 실마리를 제공해 준다. 하지만 빅뱅 이론의 기본 틀에서 극초단파의 중요성은 이와 같은 역할을 훨씬 능가한다. 극초단파 배경의 존재성은 우주 과학자들에게 빅뱅의 초기 단계에 참가한 조건들을 줄이게끔 만들어서 우주화학의 산정을 용이하게 만들어 준다.

핵합성

우주의 화학적 조합은 근본적으로 매우 단순하다. 우주 물질이라고 알려진 거대한 덩어리는 기실 수소의 덩어리에 지나지 않는다. 단일 양자의 핵을 지니고 있는, 모든 화학적 물질 중에서도 가장 단순한 구조가 수소이다. 우주 안의 75퍼센트가 넘는 물체가 이같은 단순한 구조로 되어 있다. 수소를 제외하고서, 나머지

25퍼센트에 해당하는 물체의 구성은 핵 내부에 2개의 양자와 2개의 중성자를 가지고 있는 안정된 동위 원소, 즉 헬륨-4의 구조로 이루어져 있다. 이보다 10만 배는 드물게 두 가지의 이국적 성분들이 나타난다. **듀테륨**은 이따금 중수소라고 불리기도 하는데, 1개의 양자와 1개의 중성자로 구성된 핵을 갖고 있다. 헬륨-4보다 가벼운 동위 원소 헬륨-3은 전자에 비해 양자 1개가 적은 것이다. 마지막으로 리튬-7이 나타난다. 이것은 10조의 수소 가운데 하나가 있을 만큼 꽤 풍부하다! 이 화학적 구성은 어떻게 생겨난 것일까?

1930년대부터 별들이 핵연료의 일종인 수소가 타오르는 힘으로 움직인다는 사실이 알려졌다. 이 과정에서 별들은 헬륨을 위시한 다른 요소들을 합성한다. 하지만 우리는 별들이 이러한 가벼운 입자들을 뒤섞기만 하는 것은 아니라는 사실을 알고 있다. 예를 들자면 별이 처리하는 일반적인 작업 중에는 중수소를 생산되는 것보다 빠른 속도로 파괴하는 것이 있다. 별 내부에 존재하는 강한 방사선장이 중수소를 양자와 중성자로 분쇄시키는 것이다. 헬륨-4보다 무거운 성분들은 별 내부에서 좀더 용이하게생성되는데, 관찰된 헬륨의 백분율은 별 진화에 관한 통상적인 예측으로 설명하기는 지나치게 높다.

별이 생성하는 풍부한 헬륨을 설명하는 일의 어려움이, 우주진화의 초기 단계에 발생하는 핵합성을 포함한 모형을 제시했던 알퍼·베테·가모브 등에 의해 일찍이 1940년대에 인식되었다는 사실은 흥미롭다. 특히 헬륨의 과다 생산을 포함한 이 모형이 지닌 여러 난제들은 1948년 알퍼와 허먼에게 핵합성 시기에 중요한 방사선 배경이 있었다는 사실을 생각하게 만들었다. 그들은 이 배경이 5K의 온도를 갖고 있다고 추정했다. 극초단파 배경이 발견되기 전까지 15년 동안 여러 가지 억측이 있었지만, 그들이 추산했던 온도는 현재 우리가 알고 있는 수치에 거의 가까운 것이었다.

원시적인 불덩어리에서 생성된 가벼운 핵의 양을 계산하는 데는 우주 진화의 단계마다 생성된 물질에 대한 몇 가지 추정이 따른다. 프리드만 모형으로 들어가는 몇 가지의 추정들을 비롯하여, 초기 우주는 10억 도 이상의 온도에서 열평형 단계를 겪었다는 추정이 필요하다. 빅뱅 모형에서 실로 이것은 시작 단계의 불과 몇 초 동안에 일어났을 것이다. 이것 말고도 계산은 꽤 신속할 수 있는데, 핵의 열폭발 모형을 만들기 위해 독자적으로 개발된 컴퓨터 신호를 이용하여 직접적으로 계산해 낼 수 있는 것이다.

핵합성이 시작되기 전에 양자와 중성자는 취약한 핵의 상호 작용에 의해 끊임없이 상호 전환된다. 핵의 상호 작용에 관해서는 나중에 상세하게 설명할 것이다. 양자와 중성자의 상대적인 수치는 그것들이 열평형을 유지하고 있는 한 계산해 낼 수 있으며, 취약한 상호 작용이 평형을 유지하기에 충분할 만큼 신속하다면 중성자−양자의 비율은 지속적으로 냉각되는 주변 환경에 적응한다. 비판적인 시각에서 보자면 취약한 핵반응은 비효율적이고, 이 비율로는 더 이상의 적응이 불가능하다. 그리하여 그때 발생하는 일은 중성자−양자 비율이 특정한 값(6개의 양자당 1개의 중성자)에서 얼어붙는다는 것이다. 이 비율은 헬륨−4의 궁극적인 과다를 결정하는 데 기본적인 요소라고 할 수 있다. 양자와 중성자를 함께 첨가시켜서 헬륨을 만들기 위해서는 우리는 먼저 중수소를 만들어야 한다. 하지만 필자는 이미 중수소가 방사선에 의해 손쉽게 파괴된다는 것을 말했다. 중수소 핵이 광자와 부딪치면, 이것은 양자와 중성자로 변하여 쪼개진다. 우주가 무척 뜨거웠을 적에는 모든 중수소는 만들어지자마자 부서졌다. 이 현상을 중수소 병목이라고 부른다. 이러한 핵혼잡이 있는 한 헬륨이 만들어질 수 없다. 게다가 이에 앞서 얼어붙은 중성자는 대략 10분의 수명을 두고 부식되기 시작한다. 이러한 지연의 결과, 잇따르는 헬륨의 생성에 필요한 중성자 수가 좀더 줄어든다.

방사선 욕실의 온도가 10억 도 아래로 떨어질 때, 방사선은 중수소를 분열시킬 만큼 충분히 강하지 않고, 새로운 반응을 일으킬 때까지 오랫동안 머뭇거린다. 2개의 중수소핵은 중성자가 방출되면 함께 밀착해서 헬륨-3을 만들 수 있다. 헬륨-3은 중수소 핵을 포착할 수 있고, 헬륨-4를 만들 수 있으며, 양자를 방출한다. 이러한 두 가지 반응은 매우 신속하게 발생하며, 실질적으로 모든 중성자는 헬륨-4의 구조로 마감되고, 단지 중재 역할을 하는 중수소와 헬륨-3의 흔적들만 생성된다. 자연적으로 잇따르는 헬륨-4 질량은 필요한 만큼의 양대로 25퍼센트이다. 중재하는 핵의 숫자도 역시 관찰한 결과에 가깝다. 이 모든 것은 최초의 불덩어리에서 몇 분 동안에 일어나는 것이다.

이러한 사항들은 우주론의 극적인 성공인 것처럼 비친다. 실제적으로는 그렇다. 하지만 빅뱅으로 생겨난 핵폭발에 의한 방사능 낙진에 관한 자세한 계산과 관찰된 성분들 사이의 합의는, 단지 해결의 실마리가 될 단 하나의 특정한 매개 변수값에서 이루어졌을 따름이다. 그것은 우주의 바리온 대 양자의 비율이다. 전적인 합의는 이 숫자가 10억당 하나일 때이다. 이것은 1백억 개의 광자당 1개의 양자나 중성자가 있는 것을 말한다. 이 계산은 매우 정확하게 행해질 수 있다. 우리는 핵합성에 필요한 바리온 대 양자의 비율을 알고 있기 때문에 바리온의 수를 계산하기 위한 적절한 값을 이용할 수 있다. 이 결과는 근소한 것이다. 바리온 구조로 된 물체의 수량은 우주에 근접하는 데 필요한 질량의 몇 퍼센트를 차지할 뿐이다.

시간을 거슬러서

재결합 동안 생성되는 극초단파 배경과 핵 불덩어리가 타오르는 동안 합성되는 입자들을 발견한 것은 빅뱅 이론이 이룩한 두 가지의 중요한 성공이다. 상세한 계산과 맞아떨어지는 관찰은 우주 모형에 신뢰할 만한 지원을 해준다. 이러한 성공에 편승해서 우주과학자들은 빅뱅 이론을 매우 높은 온도와 밀도에서 여타 물체가 보이는 결과를 탐구하는 데 이용하기 시작했다. 여기서 알 수 있듯이, 빅뱅은 세상에서 가장 큰 존재와 가장 작은 존재 사이의 연계를 추구한다.

먼 과거로 여행할수록 우주는 더욱 작아지고 뜨거워진다. 지금 우리는 빅뱅 이후 약 1백50억 년의 시대를 살고 있다. 극초단파 배경은 빅뱅이 있은 지 약 30만 년 전에 생성되었다. 핵화로가 최초의 몇 분 동안에 그것을 요리해 냈던 것이다. 초기 시간의 우주를 이해하자면 핵반응 물질에 의해 생겨난 에너지에서 물체들

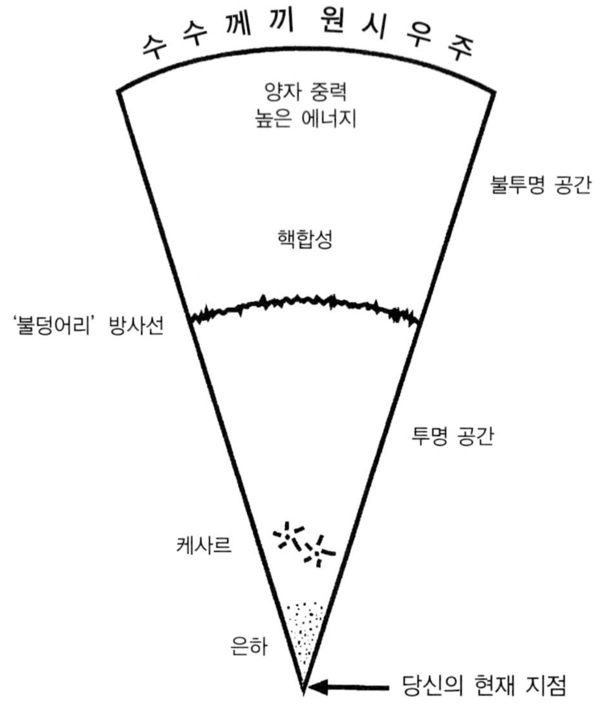

14) 시간의 되돌아보기. 더 넓은 공간을 바라볼수록 더 뒤쪽의 시간을 돌아보게 된다. 우리는 상대적으로 가까이에 있는 은하들을 바라볼 따름이다. 그보다는 훨씬 먼 공간 속에서 케사르가 활발히 움직이고 있다. 그 너머에는 '어두운 연대'라 불리는 공간이 펼쳐진다. 시간 되돌아보기는 너무나 심원한 것이어서, 우리는 은하가 만들어지기 이전의 우주를 바라보게 된다. 궁극적으로 우리는 별의 중앙부처럼 타오르고 있는 불투명한 불덩어리로부터 우주가 시작되었다는 것을 알게 된다. 불덩어리의 방사선이 팽창하는 우주를 통과하여 우리에게 다가와서 극초단파 배경을 이룬다. 더 멀리 바라볼 수 있다면, 원시의 우주에서도 별에서와 같은 핵반응이 일어나는 광경을 볼 수 있을 것이다. 초기 에너지는 가능한 척도를 넘어설 만큼 높기 때문에 우리의 연구는 추측에 의존할 수밖에 없다. 마침내 우리는 우주의 가장자리에 도달한다……. 양자 중력이 중요하다는 사실밖에는 어떤 것도 모르고 있는 채.

이 어떻게 되는지를 알아야 할 필요가 있다. 이러한 굉장한 규모의 에너지를 입증할 수 있는 실험은 무엇보다 막대한 경비가 들어가야만 한다. 제네바의 **CERN**[유럽원자핵공동연구소]에 설치된 분자 가속기는 원시적인 불지옥에 버금가는 상태를 재창조해 낼 수 있지만, 이러한 극한의 조건에서 물질이 어떻게 변하고 반응하는지에 관해서는 우리는 여전히 단편적으로 알고 있을 뿐이며, 핵합성의 시대에 훨씬 못 미치는 시점에서 맴돌고 있는 실정이다.

처음에 우주물리학자들은 빅뱅을 자신들의 이론을 적용할 수 있는 장소로 여겼다. 지금 물리학은 분자 이론과 더불어 여전히 여러 분야에서 실험되지 않은 상태로 남은 채 그 시기를 기다리고 있다. 이에 관한 전반적인 이해를 위해서는, 지난 40년간 분자 물리학이 걸어온 길을 되짚어 볼 필요가 있다.

자연의 네 가지 힘

새로운 상대성 이론과 양자역학으로 무장하고, 진보된 실험 기술 덕분에 가능해진 새로운 발견을 바탕으로 물리학의 여러 분야에 더욱 박차를 가하면서, 금세기의 물리학자들은 자연계의 모든 현상을 설명하기 위해 쉼없이 과학의 경계를 확장해 왔다. 과학자들의 추구에 순응하는 모든 현상들은 자연계의 네 가지 힘의 작용에서 비롯한 것이다. 네 가지의 근본적인 상호 작용이란 모든 종류의 물체로부터 유래된 다양한 소립자들이 서로 내적으로 상호 작용하는 방식을 말한다. 필자는 이미 전자 자기력과 중력의 두 가지 힘에 관해 말했다. 다른 두 가지 힘은 원자핵의 구성 요소간에 일어나는 상호 작용에 관여한다. 약한 핵 힘과 강한 핵 힘이 그것이다. 이상의 네 가지 힘은 크기가 서로 다르고, 또한 상호 작용에 참여하여 제어할 수 있는 소립자들의 숫자가 다르다.

전자 자기력은 원자핵 주위의 궤도에 전자들을 잡고 있으면서 우리가 친숙하게 알고 있는 모든 물질들을 함께 결속하여 주고 있다. 그런데 20세기 초반에 알려진 사실이 있다. 맥스웰 이론을 원자에 응용하기 위해서는 양자물리학과 상대성 이론이 비협력적일 필요가 있다는 것이었다. 양자전자역학이라고 불리는 전자 자기력에 관한 총체적인 양자 이론은 리처드 파인먼을 위시한 여러 과학자들이 디랙의 저작을 기초로 하여 이룩한 것이었다. 흔히 **QED**라는 약칭으로 표현되는 이 이론에 의하면, 광자의 형태 안에 존재하는 전자 자기적 방사선은 제각기 다른 전하를 띠고 있는 입자들 사이에서 일어나는 전자 자기적 상호 작용을 전달하는 책임을 지고 있다.

다른 상호 작용을 설명하기 앞서 이 힘이 작용하는 소립자들의 특성에 관해 알아볼 필요가 있다. 우선 페르미온이라고 하는 입자의 기본적인 특성을 알아보자. 이것은 광자 같은 보손(boson) 혹은 힘 전달체와는 다르게 회전 운동을 하고 있다. 페르미 입자는 렙톤과 쿼크의 두 부류로 갈라지는데, 각각의 부류는 3개의 세대를 갖고 있으며, 각각의 세대는 2개의 입자들을 포함하고 있다. 모두를 합하면 3개의 쌍으로 정렬되는 6개의 렙톤이 된다. 렙톤의 쌍들 중 하나는 전자처럼 하전을 띠고 있는 반면, 나머지 쌍들은 전하를 띠고 있지 않으며, 뉴트리노 혹은 중성 미자(微子)로 불린다. 전자가 안정되어 있는 반면에 2개의 전하된 렙톤 무(mu)와

타우(tau)는 매우 빠르게 붕괴되며, 결국에 가서는 탐지하기가 더욱 어려워진다.

쿼크는 모두 하전(荷電)되어 있으며, 그 중 3개의 가족은 역시 쌍을 이루고 있다. 첫째 가족은 '위(up)'와 '아래(down)'를 포함하고, 둘째 쌍은 '낯선(strange)'과 '마력에 걸린(charmed)'을 포함하며, 셋째는 '바닥(bottom)'과 '꼭대기(top)'를 포함한다. 그런데 자유 쿼크는 관찰되지 않는다. 그것들은 언제나 하드론이라고 일컫는 혼성 입자의 형태로 존재한다. 이들 미립자는 3개의 쿼크 조합으로 이루어진 바리온을 포함하고 있는데, 가장 친숙한 보기는 양자와 중성자이다. 하드론 상태를 유지하고 있는 입자들이 많이 있는데, 대부분이 불안정하다. 그것들은 가속 실험(아니면 빅뱅)으로 만들어 낼 수 있겠지만, 얼마 가지 않아서 붕괴되고 만다. 최근의 이해를 참고하면, 시간이 시작되고 나서 1백만분의 1초이면 쿼크가 자신들을 자유로이 해체하기에 충분한 힘을 갖는다고 한다. 이보다 이른 시간에는, 친숙한 하드론 형태를 취하고 있는 입자들은 쿼크의 '국물(soup)' 속으로 녹아 들어간다.

페르미 입자들은 또한 자신들의 반입자라고 불리는 거울-영상을 갖고 있다. 전자의 반입자는 포지트론이다. 여기에는 또한 반쿼크와 반중성 미자 같은 것들이 있다.

QED 이론은 하전된 페르미 입자들 사이의 상호 작용을 표현하고 있다. 다음으로 조명을 받을 힘은 어떤 방사성 물질의 부식에 관여하는 약한 핵의 힘이었다. 약한 상호 작용은 하전되지 않은 채 QED 상호 작용을 감지하지 못하는 중성 미자를 포함한 모든

기본 입자들

쿼크	u up	c charm	t top	γ photon	힘 전달체
	d down	s strange	b bottom	g gluon	
렙톤	ν_e electron neutrino	ν_μ mu neutrino	ν_τ tau neutrino	Z Z boson	
	e electron	μ muon	τ tauon	W W boson	
	I	II	III		

물질의 3세대

15) 물질의 건물 구역. 입자물리학의 표준 모형은 상대적으로 적은 수의 기본 입자들로 구성되어 있다. 각각 2개의 입자를 포함하고 있는 쿼크의 3세대가 정렬되어 있다. 무거운 핵입자는 이러한 쿼크들로 만들어졌다. 렙톤이 비슷한 형태로 정렬되어 있다. 쿼크와 렙톤은 페르미 입자를 이루며, 그들간의 힘은 광자 · 글루온으로 이루어진 오른편의 보손과 약한 W와 Z보손의 중재를 받는다.

종류의 페르미 입자를 포함한다. 전자자기역학에 있어서처럼 입자들 사이의 약한 힘은 다른 입자들에 의해 중재를 받는다. 이 경우에는 광자가 아니라, W와 Z보손이라는 커다란 입자들에 의해 중재를 받는다.

하드론의 쿼크들을 함께 잡고 있는 강한 상호 작용에 관한 이론은 양자착색역학(QCD)이라고 하는데, QED와 비슷한 선상에서 이루어졌다. QCD에는 힘을 조정하기 위한 일련의 계기 역할을 담당한 보손들이 있다. 글루온이라고 부르는 이것이 8개 있다. 이 것 말고도 QCD는 QED에서의 전기적 전하에 대해 유사한 역할을 하는 '색채'라는 특성을 갖고 있다.

통일을 향하여

19세기에 맥스웰이 전기와 자기를 단일화시켜서 물리학 분야에 큰 영향을 끼쳤던 것처럼, 모든 QED와 약한 상호 작용과 QCD를 하나의 연계된 이론으로 만드는 일이 가능한 것일까?

전자 자기력을 약한 핵 힘과 합치시키는 이론은 1970년 글래쇼·살람·와인버그에 의해 개발되었다. 약(弱)전자력 이론이라고 부르는 이것은 단일한 힘으로 저에너지 실행을 하는 이러한 두 가지의 구별된 힘을 말한다. 입자가 낮은 에너지를 가지고서 느리게 움직일 때, 그것들은 다른 성질의 취약성과 전자 자기력을 느낀다. 물리학자들은 높은 에너지에서 전자 자기력과 약한 상호 작용이 대칭을 이룬다고 말하고 있다. 낮은 에너지에서 이 두 가지 힘들은 평형을 잃으면서 다르게 나타난다. 바닥에 똑바로 서 있는 연필을 상상해 보자. 수직으로 서 있는 상태에서는 모든 방향에서 같은 높이로 비친다. 불어오는 바람이나 자동차의 진동으로 흔들리게 되면, 연필은 모든 방향으로 넘어질 수 있다. 그러나 일단 연필이 넘어지게 되면, 어느 **특정한** 방향을 지향했던 특별한 방식을 상실한다. 마찬가지 방식으로, 전자 자기력과 약한 핵의 힘의 차별성은 단지 우연한 것으로 되어 버린다. 우리의 세상에서 높은 에너지의 대칭이 어떻게 깨어지는지, 그 우발적인 결과를 보여 준다.

약하거나 강한 전자 자기력의 상호 작용은 **표준 모형**이라고 불리는 기본적 상호 작용의 통합 이론에 병존하고 있다. 오늘날 표준 모형에 의해 예측된 모든 주요 입자들이 발견되었다는 사실은 놀라운 성공이 아닐 수 없다. 단 하나의 예외만 남기고서. 그것은 표준 모형에서의 질량을 설명하기 위해 필요한 힉스라고 하는 특별한 보손인데, 감지하기가 무척 힘들다. 약전자력 이론이 2개의 상호 작용을 단일화시키는 반면, 표준 모형은 3개의 상호 작용 모두를 같은 방식으로 단일화하지 않는다. 궁극적으로 물리학자들은 논의되고 있는 3개의 모든 힘을 단일 이론 속에서 통합하기를 원하게 되었다. 그것은 대통합 이론으로 불리게 될 것이다. 이 이론에 도전하는 사람들은 많지만, 그 중 누구의 이론이 정확한지는 파악되지 않고 있다.

통합 이론과 관련하여 초대칭 개념이라는 것이 있다. 이 가정에 의할 것 같으면, 표준 모형에서 분리된 별개의 두 가계로 간주되는 페르미 입자와 보손 사이에 저변의 대칭성이 있다. 초대칭 이론에서는 모든 페르미 입자가 보손 '파트너'를 갖고 있으며, 반대로도 그와 같다. 쿼크는 보손 같은 파트너로서 스쿼크라는 것을 갖고 있으며, 중성 미자인 뉴트리노는 스뉴트리노를 갖고 있는 식이다. 광자인 포턴과 보손은 포티노라고 하는 페르미 입자 파트너를 갖고 있다. 힉스 보손의 파트너는 힉시노이다. 초대칭 개념에서 흥미로운 사실은, 매우 높은 에너지에서 드러내길 원하는 무수한 입자들 중의 하나가 정작 안정되어 있다는 점이다. 이러한 입자들이 우주로 스며드는 검은 물질을 이루는 것일까?

바리온의 기원

대칭의 개념이 입자 이론에서 중요한 역할을 할 것임은 분명하다. 예를 들면 전자역학적 상호 작용을 표현하고 있는 공식은 전기적 하전이 걸리면 대칭적이다. 모든 양극 전하를 음극 전하로 바꾸거나 반대로 바꾼다 할지라도, 맥스웰의 공식은 여전히 옳을 것이다. 다르게 표현하면, 전자에 음극의 전하를 배정하고 양자에 양극의 전하를 배정하는 일이 선택적이라는 것이다. 반대로 하더라도 이론에는 이상이 없다. 이러한 대칭성은 전하의 대화 법칙을 알려 주고 있는데, 즉 전기적 전하는 창조되지도 파괴되지도 않는다는 것이다. 우리의 우주는 정가의 전기적 전하를 갖고 있지 않음이 틀림없다. 우주에는 양전하에 버금가는 음전하가 있을 것이기 때문에, 순전하 값은 제로가 될 것이다. 어느 경우를 막론하고 이러할 것이다.

물리학의 법칙은 또한 물체와 반물체를 구별하는 데 실패한 것처럼 보인다. 우리는 보통의 물체가 반물체보다 훨씬 흔하다는 걸 알고 있다. 특별하게 우리는 양자와 중성자 같은 바리온의 숫자가 반바리온의 숫자를 추월한다는 것도 알고 있다. 실제로 바리온은 넘버 B라는 별도의 '전하'를 지니고 있다. 우주는 순수한 바리온 번호를 지니고 있다. 순수한 전기적 전하처럼 B는 보존된 양이라고 생각해야 마땅하다. 그리하여 지금 B가 제로가 아니라면, 그것이 과거의 어느 순간에 제로가 아니었다고 결론지을 만한 이유를 피할 도리가 없다. 이러한 비대칭성이 만들어지는 문제, 다시 말해 바리온 기원의 문제는 꽤 오랫동안 빅뱅 이론에 몰두한 과학자들을 곤혹스럽게 만들어 왔다.

1967년 러시아의 물리학자였던 안드레이 사하로프는 어떤 조건에서 순수 바리온 비대칭성이 실제로 존재할 수 있는지, 그리고 바리온 숫자는 굳이 보존된 양일 필요가 없다는 사실을 처음으로 보여 주었다. 그는 물리학 법칙이 실로 바리온 대칭이며, 초기에 우주는 순수 바리온 숫자를 갖고 있지 않았음을 설명하였다. 우주가 점차 식어 가면서 반바리온에 저항하는 바리온의 수가 점진적으로 늘어났던 것이다. 그의 저작은 놀랍도록 예지적인 것이었다. 그보다 앞서 통합에 관한 어떤 물리학적 이론이나 시도가 이루어진 적이 없었기 때문이다. 사하로프는 초창기 우주 안에 있었던 수백억 개의 반-바리온이 있는 상황을 만들 수 있는 역학을 제시할 수 있었다. 초기에 우주에는 수백억의 반바리온당 하나의 바리온이 있었다. 바리온과 반바리온이 부딪칠 때, 그들은 전자 자기력 방사선을 소멸시킨다. 사하로프의 모형에서는 모든 바리온이 반바리온과 만나게 되고, 이와 같이 소멸을 당한다. 결과적으로 우리는 생존한 모든 바리온이 수십 조의 광자를 포함하고 있는 우주와 더불어 남게 될 것이다. 이것은 실질적으로 우리의 우주에서 일어나는 일이다. 우주 극초단파 배경 방사선은 각 바리온당 몇 조의 광자를 갖고 있다. 이에 관한 설명은 입자물리학과 우주론의 내면을 기쁘게 만들 것이다. 그것은 그 무엇보다 극적인 예가 될 것이다. 다음장에서는 우주 팽창에 의하여 아원자물리학이 우주 전체의 기하학에 영향을 끼치는 내용에 대해 알아보도록 하겠다.

6

우주의 문제는 무엇인가?

우주는 유한한가, 무한한가? 빅뱅은 거대하게 으스러지는 소리와 함께 끝날 것인가? 공간은 진정 휘어 있는가? 우주에는 얼마나 많은 물체들이 있는 것일까? 그 물체들은 어떤 형상을 하고 있을까? 여러분은 분명히 성공한 과학우주론이라면 이러한 기본적인 질문에 대답을 제공해 줄 수 있을 것이라고 믿을 것이다. 이에 대한 대답은 오메가로 알려진 숫자에 결정적으로 달려 있다. 천문학자들은 우리를 둘러싸고 있는 우주를 관찰하는 방식만으로, 어떻게 오메가를 측정할 수 있을 것인지에 관해 오랫동안 고투해왔다. 결과는 아주 제한적인 성공일 따름이었다. 새로운 기술의 극적인 개발과 응용에 힘입어서 이제 우리는 향후 몇 년의 멀지 않은 장래에 마침내 오메가 값을 다짐받을 수 있는 가능성에 다가섰다. 하지만 꼬리에 가시가 달려 있다. 가장 앞선 최근의 연구에 의하면, 오메가는 결국 모든 해답이 될 수 없다는 것이다. 오메가는 전적으로 탐구 자체를 위한 주제는 아니다. 왜냐하면 이 수량에 관한 정확한 값이 빅뱅의 최초 순간에 관한 중요한 단서를 쥐고 있으며, 이를 통해 광대한 넓이로 퍼져 나간 우주의 구조를 이해할 수 있을 것이기 때문이다. 그렇다면 오메가는 왜 그다지 중요하며, 그 값은 포착하기 힘겹게 빠져나가는 것일까?

오메가의 요청

우주론에서 오메가의 역할을 이해하기 위해서는, 첫째로 아인슈타인의 일반 상대성 이론이 어떻게 공간-시간의 기하학적 특성(만곡과 팽창)과 물체의 물리적 특성(밀도와 운동 상태)과 연관되는지를 이해할 필요가 있다. 제3장에서 설명한 것처럼, 우주론에서 이런 식의 복잡한 이론의 응용은 우주론 원리의 소개와 더불어 상당히 단순 명료해졌다. 마침내는 전 우주의 진화 과정을 이제 곧 소개할 프리드만 공식이라는, 단 하나의 단순한 공식으로 지배하게 되었다.

프리드만 공식은 대체로 우주의 에너지 보존 법칙을 표현하는 것이라고 생각하면 옳다. 에너지는 자연계를 통해서 여러 가지의 형태로 나타나는데, 여기서는 상대적으로 친숙한 형태의 두 가지 에너지가 다루어진다. 움직이는 물체들, 가령 총알 같은 것들은 **키네틱** 에너지 다시 말해 운동력을 갖고 있는데, 그 힘은 질량과 속도에 달려 있다. 분명 우주가 팽창하고 있는 탓에 모든 은하는 공간 저편으로 달려가고 있으며, 우주는 엄청난 운동 에너지를 지니고 있다. 이와 다른 좀더 이해하기 힘든 것으로 **퍼텐셜** 에너지 혹은 잠재력이 있다. 물체가 어떤 종류의 힘을 통해서 움직이고 상호 작용할 때, 그것은 잠재력을 얻거나 상실하기도 한다. 예를 들어 끈에 임의의 무거운 물체를 매달아 놓았다고 하자. 이것은 단순한 추 역할을 하게 될 것이다. 추를 들어올리면 중력에 대항하여 일을 하는 결과가 되기에 그만큼 추는 잠재력을 갖게 된다. 추를 놓아 버리면 전체는 앞뒤로 흔들리기 시작한다. 올라갈 때

추는 운동 에너지를 추스르고, 내려갈 때 잠재 에너지를 잃어버린다. 에너지는 이러한 진행에 있어서처럼 두 종류의 힘으로 전달되고 교환되는데, 에너지 전체는 고스란히 보존된다. 추는 아무런 잠재 에너지도 존재하지 않는 활처럼 굽은 기울기의 바닥까지 흔들리며 내려갈 것이지만, 여전히 움직일 것이다. 추는 다시 한 번 흔들리기 위해서 먼저 순간적으로 동작을 멈추었던 활 꼭대기 지점으로 되돌아 올라가면서 사실 완전한 주기를 그려 보인다. 활 꼭대기에서 운동 에너지는 사라지고, 극대의 잠재 에너지만 남게 된다. 추의 무게와는 상관없이 이 체계에서 에너지는 불변한다. 이것이 에너지 보존의 법칙이다.

우주론적 용어로 본다면 운동 에너지는 팽창 비율, 다른 말로 표현해서 허블 정수 H_0에 결정적으로 달려 있다. 잠재 에너지는 우주의 밀도에 달려 있음과 동시에 우주의 단위 공간당 얼마나 많은 물체가 존재하는가에 달려 있다. 유감스럽게도 이 수량은 전혀 정확하게 알려진 바가 없다. 심지어 그 값은 허블 정수값보다도 분명치 못하다. 만일 우리가 물체의 표준 밀도와 허블 정수 H_0를 알 수만 있다면, 우주의 총에너지를 계산해 낼 수 있을 것이다. 이 값은 에너지 보존 법칙, 혹은 프리드만 공식에 의거해서 시간이 흘러도 언제까지나 변하지 않을 것이다.

일반 상대성 이론을 접하면서 부대끼는 기술적 어려움은 별도로 하고서, 지금부터 고등학교 물리 수업에서 만날 수 있는 친숙한 보기를 이용하면서 거시적인 의미에서 우주의 진화에 관해 알아보자. 예를 들어 지구에서 우주 공간으로 우주선을 발사시키는 데 따르는 어려움에 관해 생각해 보자. 우주선에 가해지는 중력의 잠재적인 에너지를 책임지고 있는 질량의 주체는 지구이다. 우주선의 운동 에너지는 우리가 사용하는 로켓의 추진력에 의해 결정된다. 만일 중간적인 추진 용량을 가진 로켓을 우주선에 부착한다면 발사 순간 빠른 속도로 날아오르지 못할 것이며, 이것은 운동 에너지가 작다는 것을 의미하고, 우주선이 어쩌면 지구의 인력 바깥으로 탈출하기에 불충분하다는 것을 의미한다. 결국 우주선은 어떤 식으로든 날아올랐다가 떨어질 것이다. 에너지의 측면에서 보면 로켓은 발사 순간 많은 양의 운동 에너지를 소비하면서, 늘어나는 고도에 따르는 잠재 에너지를 위해서 충분한 값을 치를 수 없었다. 커다란 로켓을 이용한다면 지상에 떨어지기 전에 높은 고도를 날아오를 수 있을 것이다. 결국 우리는 지구의 중력장 바깥으로 완전히 벗어나기에 충분한 에너지를 우주선에 공급하기 위한 커다란 로켓을 찾게 될 것이다. 여기서 흔히 탈출 속도라고 부르는 임계 발사 속도가 등장한다. 즉 탈출 속도를 웃돌면 로켓은 영원히 우주 공간 속으로 날아갈 것이고, 탈출 속도를 밑돌면 지상으로 곤두박질칠 것이다.

우주론적 장치에서 그림은 유사하지만, 임계량은 로켓의 속도(허블 정수의 근삿값이며, 그러므로 적어도 원리상으로는 알려져 있다)가 아니고 지구의 질량이거나 우주 내 물체의 밀도이다. 그러므로 임계 속도보다는 물체의 임계 밀도를 고려하는 것이 가장 유효하다. 만약 물체의 실제 밀도가 임계 밀도를 초과하면, 우주는 궁극적으로 재차 붕괴될 것이다. 우주의 중력 에너지는 느려지기에 충분하고, 멈추어 버리며, 그리곤 팽창을 뒤집을 것이다. 만약 밀도가 임계값보다 낮다면, 우주는 영원히 팽창할 것이다. 임계 밀도는 극히 작은 것으로 판명되고 있다. 그것은 또한 H_0 값에 달려 있으면서, 입방미터당 1개의 수소 원자값으로 되어 있다. 가장 현대적인 실험물리학자들이 그렇게 낮은 밀도를 가진 물질을 가지고서 진공의 좋은 예라고 간주하고 있다!

이제 마침내 우리는 오메가의 질량을 소개할 수 있게 되었다. 그것은 단순하게 말해서 영구적 팽창과 궁극의 재붕괴의 구분선 역할을 하는 임계값에 대한 우주 내 물체의 실제 밀도의 비율이다. 오메가Ω=1은 위의 구분선을 의미한다. 오메가Ω1은 영원히 팽창하는 우주를 의미한다. 그리고 오메가Ω1은 미래의 어느 시점에 재차 붕괴될 우주를 의미한다. 오메가의 값이 어떻든간에 물체의 영향은 언제나 우주의 팽창을 늦추고, 프리드만 모형은 언제나 보다 빠르게 우주의 감속을 예측한다.

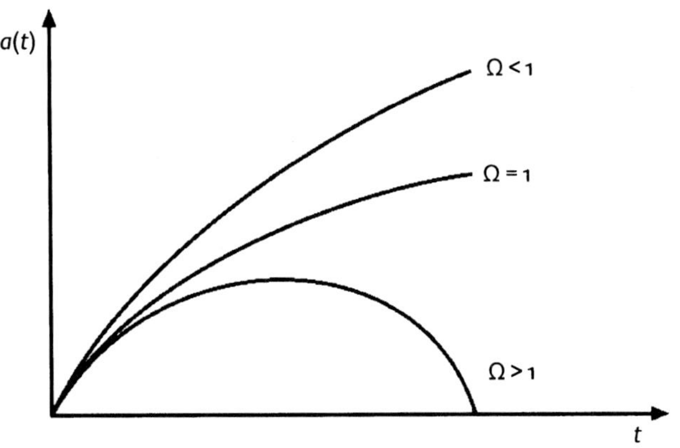

16) 프리드만 모형. 다양한 양상으로 휘어진 우주를 가지면서 프리드만 모형은 시간과 더불어 다양한 형태로 진화할 수 있다. 만일 오메가값이 1보다 크다면 팽창은 결과적으로 멈출 것이고, 우주는 재차 붕괴될 것이다. 그것이 1보다 작은 경우에는 우주는 영원히 팽창할 것이다. 이 사이에서 오메가가 빈틈없이 단일 정수로 잡혀진 평평한 우주가 자리잡고 있다.

　그렇다고 우주 팽창의 장기적인 생존 능력이 오메가의 값에 달려 있는 유일한 주제는 아니다. 뉴턴 물리학에서 비롯한 에너지에 관한 단순한 개념에 기초한 이러한 주장들이 이야기의 모든 것은 아니다. 아인슈타인의 일반 상대성 이론에서, 제3장에서 설명한 것처럼 물질의 총에너지 밀도가 공간의 만곡(彎曲)을 결정한다. 오메가값이 1보다 작은 모형에서 음각으로 휜 공간이 생겨난다. 이렇게 음각의 만곡을 보이는 모형을 열린 우주 모형이라고 한다. 오메가값이 기본 단위 1을 넘어서면 양각의 모형, 즉 닫힌 우주가 나타난다. 이 두 모형 사이에 영원한 팽창과 궁극의 재붕괴 사이에 자리잡고 있으면서 오메가 값이 정확히 1을 가리키는 고전적인 영국 절충형 우주가 있다. 이 모형은 유클리드 이론이 모두 적용되는 평평한 기하를 갖고 있다. 우주가 선택 중에서도 가장 간단한 이 선택을 하기만 한다면 얼마나 안도할지 모르겠다!

　오메가값은 우주적 규모의 기하학과 궁극적인 우주의 붕괴를 두루 결정하지만, 이 값이 표준 빅뱅 모형에서 **예측된** 모든 것은 아니라는 점을 강조할 필요가 있다. 오메가 값을 두고 돌아가는 기본적인 질문들에 대해 대답할 수 없는 이론은 순전히 무용지물의 이론에 불과하다 할 것이다. 하지만 이것은 적잖게 불공평한 비판이다. 앞서 말했던 것처럼 빅뱅은 이론이라고 하기보다 **모형**이다. 모형으로서 그것은 수학적으로 자기 불변적이며, 관찰에 비교되지만 결코 완성된 것은 아니다. 여기서의 서술에서 오메가는 허블 정수 H_0와 거의 같은 방식으로 '자유로운' 척도라는 것이다. 다르게 표현하자면 빅뱅 이론의 수학적 공식들은 우주의 진화를 표현하고 있는데, 특별한 사례를 계산하기 위해서 우리는 출발점 역할을 하게 될 최초의 조건들을 지원할 필요가 있다. 모형이 기초하고 있는 수학이 빅뱅의 순간에 무너지는 관계로, 우리는 이론적으로 최초의 조건들을 고정시킬 방법이 없다. 프리드만 공식은 오메가값과 허블 정수값이 어떠하든지간에 세련되게 만들어졌다. 하지만 우리의 우주는 흔히 이러한 수량들이 하나의 특정한 숫자의 조합으로 설정되게끔 만들어졌다. 그러므로 우리가 할 수 있는 모든 것은, 관찰한 정보를 우주 척도로 참고하기 위해 이용하는 일이다. 적어도 현재 습득할 수 있는 지식과 표준 빅뱅의 틀 안에서, 그 수치들이 단지 이유 하나만으로 줄어들 수는 없다. 다른 시각으로 보자면, 초기의 우주를 알기 위해 오늘의 우주론적 관찰을 이용할 기회는 언제든 있는 것이다.

2개의 숫자를 찾아서

우주의 척도를 결정하는 일은 우주론 역사에서 일찌감치 중요하게 인식되었다. 허블의 수제자이기도 했던 뛰어난 천문학자 앨런 샌디지는 한때 〈우주론; 2개의 숫자를 찾아서〉라는 제목의 논문을 발표한 적이 있다. 그로부터 20년이 지난 지금도 우리는 여전히 그 숫자들을 모르고 있고, 오메가에 관한 정보를 알려 줄 여러 종류의 관찰의 차이성과 그 결과들이 어떠한 것일지 이해하지 않으면 안 될 시점에 있다. 관찰 방식에는 여러 유형이 있지만, 대체로 네 가지의 중요한 종류로 나눌 수 있다.

첫째로, 고전적인 우주 실험이 있다. 이 실험은 공간이 어떻게 휘어 있는지를 알려 줄 아득히 먼 별들을 관찰하기 위한 것이다. 이것을 통해 우주의 팽창 속도가 감퇴하고 있는 비율도 알게 될 것이다. 이 실험의 방식은 아주 간단한 것이어서 천문학적 대상들, 특히 둥그런 형상의 성운 체계의 나이와 우주론에서 추정한 나이를 비교하는 것이다. 이에 관한 내용이 제4장에서 있었다. 만일 우주의 팽창이 느려지지 않고 있다면 예상하는 별들의 나이는 오메가보다는 허블 정수에 훨씬 더 예민하게 좌우되고, 어떤 경우에든 늙은 별들의 나이를 확신 있게 알아낼 도리가 없다. 그러므로 이 실험은 지금으로서는 오메가를 규명하기 위한 강력한 식별법은 아니라고 하겠다. 다른 고전적인 실험으로, 아주 멀리 떨어진 원경의 별들을 관찰하고 특성을 연구하면서 곧바로 우주의 감속 비율이나 공간의 기하학을 입증하기 위해 이용하는 일이다. 일련의 이러한 기술들이 허블에 의해 최초로 시도되고, 샌디지가 예술적인 형태에 가깝도록 개발시켰다. 두 사람은 1960년대와 1970년대에 들어서 평판을 잃어버리기도 했는데, 사람들은 우주가 거대한 몸집으로 팽창하고 있는 것일 뿐만 아니라, 그 안의 물체들도 급속하게 진화하고 있다는 사실을 갑자기 깨닫게 되었기 때문이었다. 공간이 휘어져 있는 매우 경미한 기하학적 만곡의 효과를 측정하기 위해서 까마득히 떨어진 별들의 거리를 입증해야 하는 까닭에, 우리는 불가피하게 별빛이 우리들을 향해 여행을 하기 시작했던 시점의 천문학적 대상을 바라본다. 별빛이 출발했던 것은 실로 오래전의 일이다. 보통 80퍼센트 이상이 그렇게 오래된 별빛들이다. 이전에 관찰 대상으로 이용했던 별들의 밝기나 크기가 지금의 상태와 꼭 같다는 보장은 없다. 이러한 특성들은 시간과 함께 변하기 때문이다. 실질적으로 이러한 특성의 진화를 알기 위해서 우주론의 기본적 사항들을 시험해 보려 하기보다는 고전적인 우주 실험들이 광범위하게 이용되고 있다. 표준적인 빛의 원천으로서 이용되었던 초성운의 폭발은 우주의 속도가 전혀 줄어들고 있지 않다고 시사하는 구경거리로서의 결과를 낳았다. 이것에 관해 마지막장에서 좀더 다루어 보도록 하겠다.

다음으로는 핵합성 이론에 기초한 주장들이다. 제5장에서 설명하였듯이, 관찰된 기본적 요소들과 초기 우주에서 일어난 핵확산의 결과에 관한 예측과의 일치된 동의는 빅뱅 이론을 지지하고 있는 증거들의 가장 중요한 기둥이다. 하지만 이러한 동의는 물질의 밀도가 실로 매우 낮을 때에만 가능하다. 공간을 평평하게 만들기 위해서는 단지 몇 퍼센트의 임계 밀도가 필요할 뿐이다. 이것은 오래전부터 알려진 사실이며, 처음 보기에는 필자가 제기한 모든 질문에 매우 간단한 대답을 던져 주고 있는 듯싶다. 하지만 이 주장에는 작지만 중요한 단서가 붙어 있다. '몇 퍼센트'의 한계는 오로지 핵반응에 참여할 수 있는 물체에 적용될 수 있는 것이다. 우주는 가벼운 구성 요소들을 합성시킬 수 없는 빈약한 불모의 입자들로 채워질 수 있다. 자신의 구조 안에 핵을 포함하고 있는 물체를 **바리오닉** 혹은 아원자 물체라고 하는데, 기본적인 두 입자인 양자와 중성자로 이루어져 있다. 입자물리학자들은 바리온과는 다른 부류의 입자들이 초기 우주의 펄펄 끓는 냄비 안에서 만들어졌을 것이라고 주장했다. 적어도 이들 입자들 중 일부는 지금까지 살아남았을 것이고, 이들 중 일부는 검은 물체를 만들고 있을 것이다. 적어도 우주를 구성하고 있는 요소들의 일부는 낯선 반-바리온 입자를 포함하고 있을 것이다. 우리 인간이 만들어진 보통의 물체는 아직까지 규명되어야 할 내용이 숱하게 남아 있는 거대한 우주 물체의 덩어리에 비한다면 자그마한 얼룩에 지나지 않는 것일지도 모른다. 이것은 코페르니쿠스 원리에 다른 차원을 더해 준다. 즉 인간은 우주의 중심이 아닐 뿐더러,

심지어 우주의 대부분의 물질들과 같은 것으로 만들어져 있지도 않다는 것이다.

　세번째 증거의 부류는 천체물리학적인 주장에 기초한 것이다. 이들 주장과 위에서 언급한 본질적으로 우주론적인 측정과의 차이점은, 이들이 공간의 특성을 살피기보다는 개별적인 물체들을 주목한다는 점이다. 실제로 물리학자들은 우주를 구성하고 있는 요소들을 하나하나 개별적으로 무게를 재면서 우주의 밀도를 규명하고자 노력하고 있다. 그들은 태양 주위를 돌고 있는 지구의 운동이 태양의 중력 영향을 받고 있는 것처럼, 은하판의 회전도 역시 우주 중력에 의해 유지된다고 가정하고서, 은하의 질량을 계산하기 위해 은하의 내부 역학을 이용하여 시도하고 있다. 궤도를 돌고 있는 지구의 속도를 통해 태양의 질량을 산출해 내는 일이 가능하다. 은하계를 돌고 있는 별들의 궤도 속도는 그들을 잡아끄는 은하의 총질량에 의해 결정된다. 이 원리는 은하의 집단까지 적용되며, 이보다 더 큰 규모의 우주 체계에까지 적용된다. 이러한 조사는 우리가 태양 같은 별의 한 형태로 바라보는 은하 안에 헤아릴 길 없는 수많은 물체들이 존재하고 있음을 압도적으로 가리키고 있다. 이것이 바로 검은 물질이라고 부르는 유명한 존재로서, 직접 볼 수는 없지만 그 중력 효과에 의해 존재를 확인할 수 있다.

　풍부한 은하 집단들——1백만 광년 저 너머 거대한 은하의 덩어리들은 그들 안에 개별적으로 존재하는 은하에서 찾을 수 있는 물질들보다 훨씬 다양하고 풍부한 물질들을 갖고 있다. 정확한 물질의 양은 불투명한 채이다. 그렇지만 풍부한 집단 체계 안에는

17) 코마 성단. 이것은 은하들로 이루어진 풍부한 성단의 사례를 보여 준다. 사진 오른쪽에 빛나고 있는 외톨이별을 제외하고서, 이 사진에 나와 있는 모든 물체들은 거대한 성단 안에 들어 있는 은하들이다. 이러한 거대한 성단들은 매우 희귀한데, 태양에 비해 1조 배에 달하는 천문학적 수치에 가까운 질량을 갖고 있다.

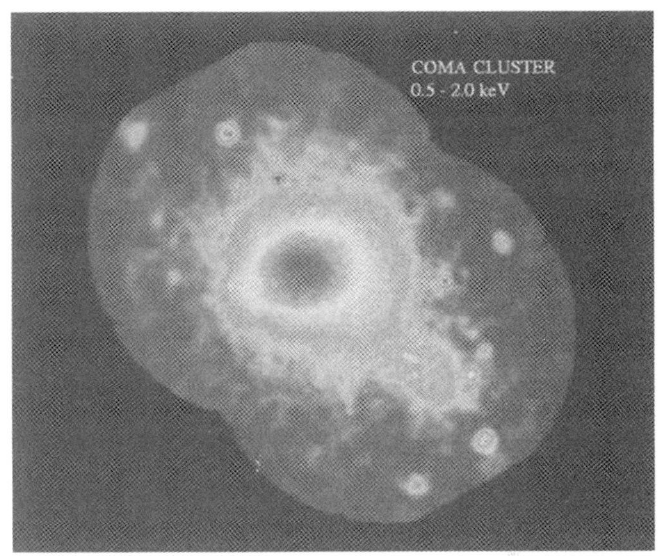

18) X-광선으로 확인한 코마. 앞의 사진에서 보았던 수백 개의 은하들처럼 코마 성단은 몹시 뜨거운 가스를 포함하고 있는데, X-광선으로 그것이 분출하는 광경을 확인할 수 있다. 이 사진은 ROSAT 위성이 찍은 것이다.

오메가값이 분명히 0.1보다 크다거나, 아니면 심지어 0.3보다 크다고 암시하는 충분한 물질이 있다는 매우 강력한 증거들이 있다. 심지어 보다 큰 구조들, 가령 크기에서 은하 성단보다 1천만 광년 이상되는 초은하 성단들의 역학을 통해 확인된 시험적인 증거들은 그들 사이의 공간에서 많은 검은 물질이 잠복하고 있을 것이라는 사실을 알려 주고 있다. 이 역학적 주장들은 역시 최근 들어서 시도된 것이고, 은하 덩어리가 만들어 낸 중력 수정체를 독립적으로 관찰하는 것에 대항하여, 그리고 그들 공간을 투사하는 몹시 뜨거운 X-광선 분출 가스의 특성을 확인하기 위해 만들어진 것이다. 흥미로운 것은 은하 덩어리의 물질의 총량에 대한 아원자 물체의 파편 내지는 분수값이, 만일 물체 전반에 임계 밀도

19) 렌즈에 잡힌 중력. 풍부한 성단들은 빛이 은하 뒤를 지나갈 때 굴절하는 모습을 관찰함으로써 전체의 크기와 무게를 추정할 수 있다. 아름다운 아벨 2218 성단을 보여 주고 있는 이 보기에서, 뒤편의 원천으로부터 나온 빛이 거대한 렌즈 역할을 하고 있는 동안 복잡하게 활 모양으로 뒤엉켜 있다. 이 광경은 성단 안에 들어 있는 질량의 양이 얼마만한 것인지 말해 준다.

가 있다면 핵합성에 의해 허용되는 전체값보다 훨씬 크다는 사실이다. 소위 **바리온 위기**라고 일컫는 이것은 물체의 전체 밀도가 임계값보다 훨씬 낮거나, 어떤 미지의 진행이 은하 덩어리의 바리온 물체에 집중되고 있다는 것을 의미한다.

마지막으로 우리는 우주 구조의 기원을 이해하고자 하는 시도에 기초한 단서를 갖고 있다. 우주 원리에 의해서 대대적으로 부드러워져야 할 것이 요구되는 우주 안에서 어떻게 두드러진 혹투성이의 불규칙한 우주가 생성되었던 것일까? 빅뱅 모형에 어떻게 해서 이런 현상이 생겨났는지, 그에 대한 배경을 다음장에서 다루고 있다. 필자는 믿건대, 기본적인 원리는 상대적으로 충분히 이해되었으리라 본다. 자세한 내용은 믿기 어려울 만큼 복잡하고, 온갖 종류의 불확실성과 편견에 치우쳐 있다. 단수 혹은 1에 매우 가까운 오메가값과 더불어, 얻을 수 있는 모든 정보에 들어맞을 수 있는 모형이 개발될 수 있고 또한 개발되어 왔다. 이보다 훨씬 작은 오메가값에서도 같은 일을 할 수 있다. 이것은 다소 낙심할 이야기일 수도 있겠지만, 이러한 연구야말로 결과적으로 오메가에 대한 성공적인 판단의 열쇠를 쥐고 있다. 극초단파 배경의 양상이 보다 자세하게 측정될 수 있다면, 이 양상의 특징들은 즉시 우리에게 물체의 밀도가 어느 정도여야 하는지 말해 줄 것이다. 그리고 상여금조로, 그것은 우주 거리 측정 사다리에 연결된 온갖 진부한 공론을 옆으로 제쳐 놓으면서 허블 정수를 결정할 것이다. 우리는 다만 잘 짜여진 위성 계획이 이 일을 실현하기를 희망하며, MAP(NASA)와 플랑크 탐사선(ESA)이 향후 몇 년 안에 성공적으로 날아오르기를 바랄 뿐이다. 최근의 풍선 실험은 이 일이 실현 가능한 것임을 보여 주었다. 이에 관한 내용은 제7장에 남겨두기로 하겠다.

수집된 증거들을 요약해 보면, 대다수의 우주과학자들이 아마도 오메가의 값이 0.2보다 작을 수는 없다는 점을 받아들이고 있다는 사실을 제시하고 있다. 심지어 이러한 최솟값은 우주의 대부분 물질들이 어둡다는 것을 가리킨다. 이것은 또한 적어도 우리가 일상적으로 친숙하게 만나는 물질들 가운데 일부의 질량은 양자와 중성자의 바리온 구조로 되어 있지 않음을 의미한다. 다른 용어로 표현해서, 여기에는 틀림없이 반바리온적인 검은 물질이 있다는 것이다. 많은 우주과학자들이 대부분의 관찰된 증거들과 일치하고 있는 0.3 정도의 오메가값을 선호하고 있다. 일부 과학자들은 증거들이 임계값에 가까운 밀도를 지원하고 있기 때문에 오메가는 단수 1에 근접할 것이라고 주장했다. 이것은 서로 부분적으로 옳다. 전자의 경우는 검은 물질에 관한 누적된 천문학적 증거들이 사실을 말해 주고 있고, 후자의 경우는 빅뱅의 순간에 반바리온적인 물질이 생성되었을 것이라는 이론적 실현이 사실을 말해 주고 있기 때문이다.

탄탄한 밧줄

오메가를 둘러싼 수많은 논쟁은, 종종 모순되는 관찰된 증거들에 대한 신뢰와 정확성을 드높이는 일이 어려움으로 해서 빚어졌던 불일치가 주요 원인은 아니었다. 정작 이것으로부터는 부분적으로 발생되었다. 높은 오메가 수치, 즉 1에 가까운 값을 둘러싸고 벌어진 설전의 대부분은 관찰적이라기보다는 이론적 주장들에 가까웠다. 우리는 그들 주장을 단지 편견에 불과하다고 간과해 버릴 수도 있다. 그렇지만 그것들은 우주학자들이 실로 진지하게 받아들이고 있는 표준 빅뱅 이론이 물려 준 깊은 신비의 유산에 뿌리를 두고 있는 것이다.

거대한 신비를 조금이나마 쉽게 이해하기 위해서, 여러분이 어떤 홀의 외부에 서 있다고 가정해 보자. 홀 안의 물건들은 여러분에게서 격리되어 있고, 문에 붙어 있는 작은 유리창을 통해서 일부를 들여다볼 수 있을 뿐이다. 여러분은 원하는 때에, 오직 한 번만, 아주 짧은 순간 동안 문을 열도록 허락되어 있다. 홀 안에는 2미터 높이에서 밧줄이 탄탄하게 가로질러 매여 있으며, 한 사내가 얼마 전부터 그 위를 걷고 있다고 생각해 보자. 사내가 밧줄에서 떨어진다고 하면, 여러분이 문을 여는 순간까지는 그가 바닥위에 서 있으리라는 것을 안다. 만일 그가 떨어지지 않는다면, 여러분이 들여다볼 때까지 계속해서 걷고 있을 것이다.

문을 여는 순간 여러분은 무엇을 보게 되리라고 생각하는가? 사내가 밧줄 위에 서 있든, 바닥 위에 서 있든 그것은 여러분이 갖고 있지 않은 정보에 달려 있다. 만일 그가 서커스단의 곡예사라면, 1시간 동안 떨어지지 않고 이쪽저쪽을 오갈 수 있을 것이다. 한편 그가 이 분야의 전문가가 아니라면, 밧줄 위에 머물러 있는 시간은 상대적으로 짧은 동안일 것이다. 여기서 한 가지 분명한 것이 있다. 사내가 떨어지는 경우에는, 밧줄에서 바닥에 이르는 시간이 짧은 찰나의 순간이라는 점이다. 그러므로 여러분이 창을 통해서 사내가 밧줄에서 바닥으로 떨어지는 과정의 모습을 우연히 포착하였다면, 대단히 놀랄 것이 분명하다. 같은 상황에서 바닥에 발을 딛고 서 있으면서, 사내가 밧줄 위에 서 있기를 원하건 바닥에 서 있기를 원하건 아무래도 좋은 일이다. 그러나 일단 사내가 공중에 떠 있는 모습을 보게 되면, 무언가 수상쩍은 일이 일어나고 있다는 걸 알아차리게 될 것이다.

이것은 오메가와는 그다지 상관없는 것으로 보일 수도 있다. 하지만 시간이 흐를수록 오메가가 변하지 않는 정수값을 갖지 않는다는 인식과 더불어서 유추는 분명해진다. 프리드만 표준 모형에서 오메가는 진화하며, 그것도 매우 독특한 방식으로 진행된다. 때때로 선택적으로 빅뱅 이론에 다가가면서, 이 모형은 모두 단일 정수 1에 가까운 오메가값으로 표현되었다. 이것을 다른 방식으로 보자면, 그림 16을 참조해 보자. 늦어진 시간의 특성에도 불구하고 3개의 곡선은 점점 시작 가까이 근접하고, 특별하게는 '평평한 우주'의 선(線)이라고 부르는 것에 접근한다. 시간이 흐르면서 초기 단계에서 1보다 조금 더 컸던 오메가를 가졌던 모형은, 그 값을 늘리고 또 늘려 가면서 우주의 붕괴가 재차 시작되는 시점에 필요한 1보다도 훨씬 큰 오메가를 가진다. 1보다 작은 오메가값으로 출발했던 우주는 궁극적으로 평평한 모형보다 훨씬 빠르게 팽창하며, 마지막에 가서는 0에 가까운 오메가를 가진다. 나중의 경우 오메가값이 1보다 작다는 지적은 여러 차례 있었지만, 오메가값이 1 근처로부터 0 근처로 이동하는 데는 매우 신속하다.

이제 우리는 문제가 무엇인지를 알 수 있다. 만약 오메가가 0.3이라면, 우주 역사의 바로 최초의 단계에 있어서는 그 값은 1에 몹시 가까웠으며, 일부의 양이 1보다 작았을 뿐이었다. 실제로 그것은 매우 미미한 양이었다. 예를 들어 플랑크 시간(빅뱅 후 10초)에서의 오메가는 오직 예순번째의 자리에서만 1과 달라야 했다. 점차 시간이 흐르면서, 오메가는 임계 밀도 상태까지 뛰어오르면서 가장 근래의 상태로부터 재빠르게 벗어나기 시작한다. 머지않은 장래에 그것은 극단적으로 0에 가까워질 것이다. 하지만 지금으로선 막 떨어지는 도중에 있는 밧줄 타는 사내를 붙잡은 것만 같다. 조심성 있게 말하기에는 이것은 놀라운 사실이다.

이 역설은 우주론적 평평함의 문제라고 알려져 있다. 이것은 표준 빅뱅 이론의 불완전성에서 일어나는 것이다. 커다란 해결을 원하고 있는, 많은 과학자들이 거창한 문제라고 인식했던 바로 그것이다. 수수께끼를 풀어낼 수 있을 유일한 길은, 우리의 우주가 진정으로 전문적인 서커스단원 같은 존재가 되어서 상징을 붙잡아 부숴 버리는 일이었다. 명백하게 오메가는 0에 가깝지 않다. 우리가 약 20퍼센트에 달하는, 그 값보다 낮은 한계의 강한 증거를 가지고 있는 한은. 이 사실은 지상 대 인간을 양자택일적으로 지배한다. 그리하여 사람들은 오메가는 1과 거의 같을 정도로 가까워야만 하며, 이 단일값을 정확하게 산출하기 위해서 원시적인 초창기에 무슨 일이 일어났음에 틀림없다고 주장한다.

팽창과 평편

이러한 현상이 일어나는 것을 우주 팽창이라고 하는데, 이에 관한 개념은 1981년 앨런 구스가 빅뱅 모형의 초기 단계를 설명하는 동안 처음으로 소개된 것이다. 팽창은 매우 높은 에너지에서 물체의 특성이 모호하게 변하는, 상(象) 이동이라고 알려진 진화 과정을 포함하고 있다.

이미 우리는 상 이동의 예를 만난 적이 있다. 그 하나는 빅뱅이 일어나는 순간, 1백만분의 1초 동안 표준 모형에서 일어난다. 그것은 쿼크 사이의 상호 작용을 포함하고 있다. 낮은 온도에서 쿼크는 하드론 안에 가두어지며, 높은 온도에서는 쿼크 글루온 플라스마[기체를 이루고 있는 원자가 전리(電離)하여 거의 같은 양의 양이온과 전자로 된 가스]를 형성한다. 이 사이에서 상 이동이 일어난다. 심지어 높은 온도에서도 우주의 물체와 에너지의 형태 및 특성 모두를 변화시키는 여러 가지 상 이동이 다양한 통합 이론에서 일어난다. 어떤 환경에서는 상 이동은 텅 빈 공간에 출현하는 에너지에 의해 이루어진다. 이것을 진공 에너지라고 한다. 이러한 현상이 나타나면, 우주는 표준 프리드만 모형에 있어서보다 훨씬 빠른 속도로 팽창하기 시작한다. 이것을 우주 팽창이라고 한다.

팽창은 지난 20년 동안 우주 이론에 커다란 충격을 몰고 왔다. 이것에 관련하여 가장 중요한 것은, 과도한 팽창이 매우 짧은 동안 일어나면서도 실질적으로 오메가가 시간과 함께 변하는 방식을 뒤집는다는 것이다. 일단 팽창이 이루어지기 시작하면, 오메가는 위에서 설명한 것과는 다르게 단일성 내지는 1을 향해 힘겹게 이동한다. 팽창은 마치 안전한 마구처럼 움직이는데, 밧줄 타는 사내가 떨어질라치면 어느 결에 다시 밧줄 위로 끌어올리는 것이다. 이러한 일이 어떻게 일어나는지 쉽게 이해하는 방법은 앞서 필자가 오메가값과 공간의 휨 정도 사이의 연결성을 탐구하는 것이다. 평평한 우주는 임계 밀도와 관계 있고, 그러므로 단일성과 동일한 오메가값과 관계 있다는 것을 기억하자. 만일 오메가가 이러한 마술적 값과 다르다면 공간은 휘게 될 것이다. 누군가 풍선을 불어서 어마어마한 지구 크기까지 불 수 있다고 한다면 표면은 평평해질 것이다. 팽창하는 우주론에서, 풍선은 불과 몇 센티미터의 극미한 정수를 넘어서 관찰할 수 있는 우주 전체보다도 큰 수치에서 멈출 것이다. 만약 팽창 이론이 정확하다면, 우리는 참으로 평평한 우주에서 살게 될 것이라고 믿지 않으면 안 된다. 다른 한편 비록 오메가가 단일 정수에 가까운 것으로 나타난다고 할지라도, 그것이 곧바로 팽창이 일어났다는 것을 의미하지는 않는다. 다른 운동역학들, 아마도 양자 중력 현상과 관계된 어떤 역학들이 우리의 우주를 탄탄한 밧줄 위에서 걷도록 만들었을 것이다.

이러한 이론적 개념들은 지극히 중요한 것이다. 하지만 그것들은 자체로 주제를 정할 수 없다. 궁극적으로 이론가들이 이 표현을 좋아하든 싫어하든, 우리는 우주론이 경험과학이 되었다는 사실을 받아들여야 하겠다. 우리는 오메가가 단일 정수에 매우 근접했다는 사실을 의심하는 이론적 배경을 가질 수도 있겠지만, 마지막에 상황을 주도하게 될 것은 관찰이다.

자 극

이 모든 상황으로부터 떠오르는 질문은 이런 것이다. 현재로서는 시험적인 현실 속에서, 만일 오메가값이 단일 정수인 하나보다 심각하게 작다고 한다면 우리는 팽창의 개념을 포기해야만 할 것인가? 해답은 그럴 필요는 없다는 것이다. 여기서 적절한 예를 들면 어떤 팽창 모형들은 열려 있는, 음각으로 휘어진 우주를 만들 수 있도록 짜여져 있었던 것이다. 많은 우주학자들이 고안을 거듭해서 짜낸 나머지 인위적으로 보이는 이 모형을 좋아하지 않는다. 하지만 보다 중요한 것은, 여기서 오메가와 공간의 기하학 사이를 잇고 있는 연결이 기존에 생각해 왔던 것보다 덜 직선적이라는 사실이다. 조야하고 생경한 실험의 시간들을 거쳐서, 앞서 필자가 거론했던 고전적인 우주학자들은 이제 극적인 복귀를 하게 되었다. 국제적인 천문학자들로 이루어진 2개의 팀이 초성운이라고 불리는, 폭발하고 있는 특별한 별의 특성을 연구해 오고 있다.

초성운의 폭발은 거대한 별의 극적인 마감을 표시한다. 초성운은 천문학에 알려진 가장 볼 만한 장관들 중의 하나이다. 그것들은 보통 태양보다 10억 배나 밝으며, 눈부신 빛으로 몇 주 동안 성운의 전 외곽을 비출 수 있다. 1054년에 관찰되고 기록되었던 초성운이 해좌(蟹座) 성운이라는 이름을 달고 다시 부상했다. 먼

지와 부스러기로 가득 찬 구름 안에서 펄사라고 불리는 별이 빠른 속도로 회전하고 있다. 덴마크의 위대한 천문학자 티코 브라헤는 1572년에 초성운을 관측한 바 있다. 그러한 성운이 우리 은하계에서 마지막으로 관측되었던 것은 1604년의 일로 기록되고 있는데, 그 이름은 케플러의 별로 알려져 있다. 은하계 안에서 이러한 폭발이 일어날 평균적인 확률은 한 세기에 한두 번 있을까 한 일이지만, 고대의 기록에 의하면 4백 년 가까이 한번도 목격된 일이 없었던 적도 있었다. 그렇지만 1987년에, 초성운이 대마젤란 구름 안에서 폭발하였고, 그 광경을 육안으로도 바라볼 수 있었다.

초성운에는 1유형과 2유형으로 분류된 두 가지가 있다. 분광기 측정을 통해서 밝혀진 바로는, 2유형 초성운에 상당량의 수소가 있는 것에 반해 1유형에서는 전혀 발견되지 않았다. 2유형의 초성운은 거대한 별들이 폭발하면서 곧바로 탄생으로 이어졌던 것으로 생각되는데, 별들의 핵심부는 붕괴되면서 죽어 버린 유물들처럼 변해 버리고, 외부의 껍질은 공간 속으로 튀어나갔던 것이다. 이러한 폭발의 마지막 단계는 중성자 별이거나 블랙홀이 될 것이다. 2유형의 초성운은 제각기 다른 질량을 가진 별들이 붕괴하면서 생겨난 것으로 추정되는데, 그런 결과 성단마다 각기 다른 특성을 내보이면서 변화무쌍한 다양성을 보여 주고 있다. 1유형의 초성운은 자체의 분광 현상에 의해 1a, 1b, 1c 유형으로 다시 세분화된다. 이들 중 1a 유형 초성운이 특별히 흥미롭다. 이 성운은 몹시 정형적이고 집중된 광도를 갖고 있는데, 이것은 그들이 같은 원천의 폭발로부터 동시적으로 생겨난 때문인 것 같다. 이 우주적 사건의 통상적인 모형으로서, 주변의 별들로부터 질량을 얻어 가지면서 몸통을 불리는 하얀 난쟁이별을 예로 들 수 있다.

하얀 난쟁이별의 질량이 찬드라세카 질량이라고 불리는, 태양보다 1.4배 큰 임계 질량을 지나칠 때 별의 외부는 폭발하고 내부는 붕괴한다. 폭발에 관여한 질량이 언제나 이러한 임계값에 매우 가깝기 때문에, 이들 물체는 언제나 같은 양의 에너지를 분출하는 결과를 낳는다. 이러한 규칙적인 특성은 $1a$ 유형의 초성운이 공간과 시간의 휨 정도를 시험하고, 우주의 감속 비율을 알아보기 위해 선택할 수 있는 가장 희망적이며 약속된 대상이라는 것을 의미한다.

새로운 기술이 천문학자들로 하여금 하나를 둘러싸고 붉은 이동을 하는 은하 안에서 $1a$ 유형을 찾을 수 있게 해주었다. 이것은 곧 빛이 초성운으로부터 우리에게 여행 오는 동안, 우주는 2개의 요인에 의해 확장되었음을 의미한다는 것을 기억해야 한다. 근처의 은하와 멀리 떨어진 초성운의 밝기를 비교하면, 그들이 과연 얼마나 먼 곳에 떨어져 있는지를 추산할 수 있다. 그리고 이것은 차례로 빛이 우리에게 도달하기까지 설정된 시간 속에서, 우주의 팽창 속도가 얼마만큼 느려졌는지를 알려 준다. 문제는 만일 우주가 느려지고 있다면, 초성운은 원래 그들이 있어야 할 것보다 더욱 어슴푸레하다는 점이다. 우주는 전혀 느려지지 않은 채 빨라지고 있다.

이러한 관찰은 프리드만 공식으로 각인된 우주론에 관한 표준적 해석의 중심에 동요를 일으킨다. 이러한 모든 모형은 속도를 줄이지 않으면 안 된다. 심지어 낮은 밀도 덕분에 감속의 정도가 미미한 수준에 머물고 있었던, 낮은 오메가의 프리드만 가족의 구성원들조차 가속을 해서는 아니 되었다. 임계 밀도로 눈에 띄게 팽창으로부터 애호를 받았던 모형들도 모두 무거운 감속을 하지 않으면 안 되었다. 무엇이 잘못되었던 것일까?

아인슈타인의 가장 큰 궁금증?

이상에서 언급한 초성운에 관한 탐구는 여전히 논쟁의 대상이지만, 그들은 분명 우주 이론이 필요로 하고 있는 극적인 변화를 가리키고 있는 것처럼 보인다. 한편으로는 아인슈타인 자신으로부터 전해진 이 곤충을 퇴치할 만한 재고품이 있어서 쉽게 구할 수 있는 처방약이 있다. 제3장에서 필자는 아인슈타인이 우주 정수 개념을 소개하면서 중력에 관한 그 자신의 이론을 바꿨던 사실을 언급했었다. 훗날 스스로 후회하게 만들었던 이 행동을 했던 이유는, 그가 팽창하지 않는 통계적인 우주를 표현한 이론을 만들고 싶어했기 때문이었다. 그의 우주 정수는 공간이 팽창하거나 수축하는 것을 막기 위해서 중력의 법칙을 변화시켰다. 이것은 현대의 문헌에도 적용되어서, 우주 정수는 중력의 법칙을 큰 규모로 반발적인 것으로 만드는 데 활용할 수 있다. 이 일이 이루어지고 나면 그동안 우주를 느리게 만들었던 물체의 중력적인 요인으로 이끌렸던 경향이, 반대로 우주를 가속시키는 원인으로 작용하는 우주적 반발 개념에 의해 압도당할 것이다.

물론 이 처방은 무엇보다 우선적으로 우주 정수가 나쁜 개념이 아니라는 사실을 받아들일 필요가 있다는 것이다. 현대적 이론은 이러한 상황에 관한 새로운 해석을 제공해 주고 있다. 아인슈타인의 고유한 이론에서, 우주 정수가 중력과 공간-시간의 만곡을 표현하는 수학적 공식으로 나타났다. 그것은 진실로 중력의 법칙의 수정이었다. 그렇지만 그는 물체를 표현하는 이론의 한가운데에서, 공식의 다른 쪽에 이것을 스스럼없이 적어두었던 것이다. 아인슈타인 공식의 다른 쪽 전면에, 그의 불명예스런 우주 정수가 진공의 에너지 밀도를 표현하는 용어로서 나타난다. 에너지를 가진 진공이라면 이상한 소리로 들리겠지만, 우리는 앞선 장에서 그것을 만난 적이 있다. 그것은 곧 우주가 팽창을 일으키기 위해서 반드시 필요한 존재이다.

우주 팽창 이론의 초기 형식에서, 원시적인 상 이동에 의해 풀려난 진공 에너지는 일시적으로 과도한 팽창의 시기가 지나간 뒤 사라진다. 그러나 이 에너지의 소량이 오늘까지 생존하고 있어서, 중력을 당기는 것보다 미는 힘으로 바꾸어 버린 것이다. 이 진공 에너지가 가속을 발생시킨다는 개념은 팽창의 이론과, 공간이 평평하다고 한다면 우주가 가지게 될 오메가는 단위값보다 심각할 정도로 작을 것이라는 증거를 조화시키게 해준다. 진공 에너지가 불충분할 때 중력을 당기는 것보다 미는 힘으로 만들고, 적어도 일반적인 물체가 하는 것과 같은 방식으로 공간을 휘게 만든다. 만일 우리의 우주가 물체와 진공 에너지를 함께 가지고 있다면, 일반적인 프리드만 모형에서 요구하는 감속이 없이도 평평한 공간을 가질 수 있을 것이다.

우리는 여전히 분명하게 알고 있지 못하다. 우주가 가속으로 팽창하고 있는지, 우주에 진공 에너지가 존재하는지, 오메가값이란 정확하게 무엇을 의미하고 있는 것인지 등에 대해서. 하지만 이러한 개념들은 이론과 실험 두 분야에서 지난 몇 년간 강력한 추

진력을 부추겼다. 이제 이러한 모든 질문들에 대답할 수 있는 측
정의 새로운 세대가 다가오고 있다. 이것에 대해 다음장에서 말
해 보겠다.

7

우주의 구조

은하는 우주의 기본적 건물 구역이다. 하지만 그것이 우리가 바라볼 수 있는 제일 큰 구조물은 아니다. 은하들은 홀로 남기를 꺼리면서 사람들처럼 함께 모이기를 좋아한다. 그들이 우주의 장대한 거리에 걸쳐 분포된 광경을 **대척도 구조**라는 용어로서 표현한다. 이 구조의 기원이 현대 우주론의 뜨거운 감자이지만, 이러한 상황을 언급하기 앞서 실제로 우주가 어떠한 구조로 되어 있는지를 설명할 필요가 있다.

공간의 유형

대척도 위에 흩어진 물체들은 허블 법칙이 자신들의 붉은 이동으로부터 은하까지 거리를 추정하기 위해 이용했던 분광기 측정을 통해 관찰되고 탐구된다. 은하의 구조는 붉은 이동 현상을 통한 탐구가 실용화되기 앞서 오래전부터 알려져 있었다. 릭(Lick)이라는 천체 지도를 탄생시켰던 은하들의 위치를 확인하기 위해 최초로 실시한 대규모의 체계적인 측정을 통해 볼 수 있는 것처럼, 하늘에서 일어나고 있는 은하의 분포는 일정한 형태라고는 전혀 찾아볼 수 없다. 지도가 의심할 여지없이 인상적인 것은 사실이지만, 우리는 그것이 실제의 물리적인 구조인지 아니면 우연한

20) 안드로메다 성운. 은하계에 가장 가까이 존재하는 거대한 나선형의 은하로서, 은하계의 가장 훌륭한 본보기라고 할 수 있다. 모든 은하가 나선형인 것은 아니다. 코마처럼 풍부한 성단은 주로 나선형의 팔이 없는 타원형의 은하를 갖고 있다.

투사 효과인지 확신하기는 힘들다. 결국 우리 모두 밤하늘의 성좌라는 존재를 알고는 있어도, 그들과 물리적 교제를 하고 있는 것은 아니다. 성좌 속의 별들은 태양으로부터 서로 다른 거리에 누워 있다. 이러한 이유로 우주과학의 주요 도구는 붉은 이동 현상을 통한 탐색이 되었던 것이다.

이러한 접근 방식의 유명한 사례로 하버드 스미소니언 천체물리학센터에서 실시하는 연구를 들 수 있는데, 그들은 1986년에 첫 연구 결과를 발표했다. 이것은 1961년도에 팔로마 산 천체연구소가 발견했던 최초의 천체 공간을 다시 탐사했던 것인데, 그 공간에 걸쳐 있는 매우 협소한 띠 안에서 1천61개에 달하는 은하의 붉은 이동을 발견했던 것이다. 이 탐사는 같은 연구원들에 의해 연이어서 수 차례 실시되었다. 1990년대에 들어서기까지 붉

은 이동 탐색은 느리게 공들여서 이루어졌다. 이유는 각 은하를
차례로 돌아가면서 망원경의 초점을 맞추고, 분광을 측정하며,
붉은 이동을 계산하고, 그리고는 다시 다음 은하계로 넘어가야
했기 때문이었다. 수천 개에 달하는 붉은 이동 현상을 망원경으
로 추적하다 보면 흔히 몇 달씩 소요되기 마련인데, 더군다나 각
각의 별빛들은 몇 년을 두고 우주 공간으로 퍼져 나가고 있는 것
이다. 천문학자들은 최근에 발명된 다양한 섬유 조직으로 이루어
진 대시계(大視界) 망원경을 가지고서, 한번 초점을 맞추기만 하

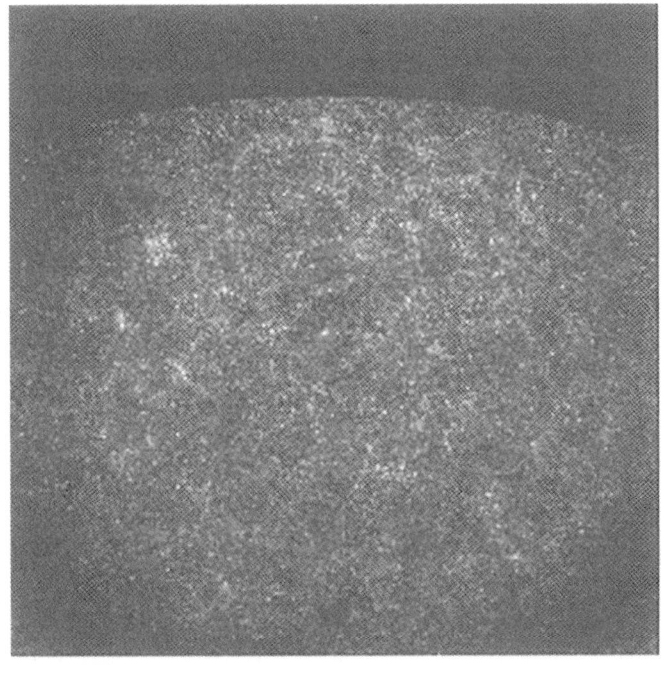

21) 릭 지도. 탐사판에 은하를 헤아리는 미세한 동공이 부착된 장치로 제작된
것으로, 릭 지도는 하늘에 퍼져 있는 1백만 개의 은하들의 분포 상태를 전시한다.
필라멘트와 성단의 조화가 인상적이다. 중심 부근에 보이는 단단한 둥근 덩어리
가 코마 성단이다

면 4백 개에 달하는 분광을 관측할 수 있게 되었다. 가장 가까운 시일에 이루어졌던 붉은 이동 탐사는 2단계 시계 탐사라는 것이었는데, 영국과 호주 정부가 주관하여 앵글로-오스트레일리언 망원경이라고 이름 붙여진 장비를 이용했다. 이 탐사를 통해 마침내는 25만 개에 달하는 은하들의 위치를 나타내는 지도를 작성하게 되었다.

수많은 은하가 모여드는 물리적 현상을 일반적으로 **은하의 성단** 혹은 **은하 성단**이라는 용어로 표현하고 있다. 성단은 그 크기와 내용면에서 엄청난 변화를 겪고 있는 체계이다. 우선 우리들의 은하계를 예로 들어 본다면 이것은 이른바 은하의 **지역 집단**이라고 일컫는 것으로서, 태양계에서 가장 가까운 공간에 위치한 안드로메다 은하(M31)에 비교해 보더라도 이에 비하면 아주 자그마한 덩어리에 지나지 않는다. 이밖에 **더욱 거대한 은하 성단들**을 들자면, **아벨 성단**은 몇백만 광년의 공간 속에 수백 수천의 은하들을 거느리고 있다. 가까이서 찾을 수 있는 그와 비슷한 눈에 띄게 돌출한 은하들로서는 버고와 코마 성단을 들 수 있다. 이러한 극단적인 원경과 근경 사이에서 은하들은 불규칙하고 난삽하게 작은 조각들로 쪼개지거나, 아니면 계급적인 방식으로 변하는 밀도 체계에서 퍼져 나가고 있다. 가장 강한 밀도를 지닌 아벨 성단은 자체의 중력으로 평형이 깨지면서 붕괴된 물체들이 한데 모여들었던 것이 분명하다. 덜 풍부하면서 보다 공간적으로 퍼져 나가는 은하 체계는 이런 식으로 붕괴되지는 않을 것이며, 한데 모여 무리를 이루려고 하는 은하들의 일반적인 통계적 성향을 단순하게 반영해 줄 것이다.

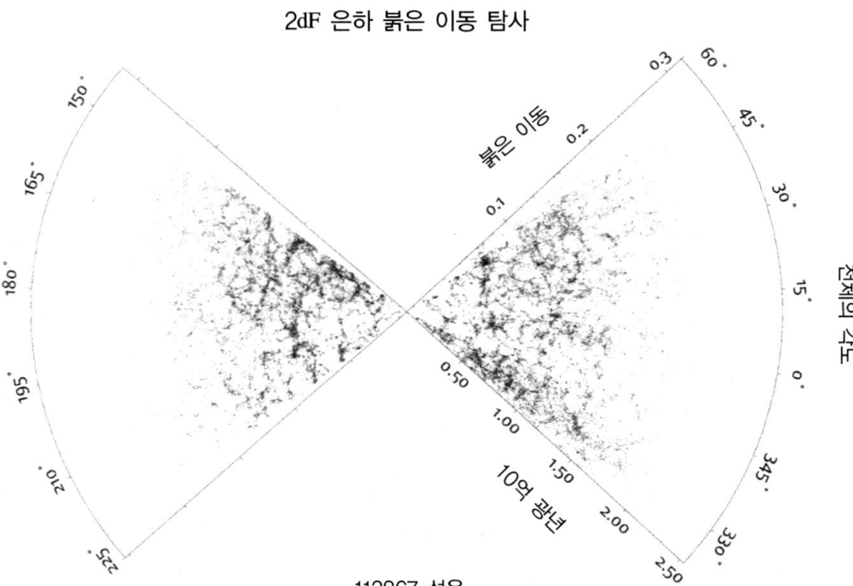

22) 2dF 은하 붉은 이동 탐사. 아직 진행중인 이 작업은 약 25만 개에 달하는 은하들의 붉은 이동을 측정하기 위한 일환으로 계획되었다. 비록 측량은 완성되지 않았지만, 지도에 누락되었던 조각들을 끼워맞추면서, 지구로부터 10억 광년 이상의 거리만큼 퍼져 나가는 복잡한 그물 구조를 갖출 수 있게 되었다.

개별적인 은하 무리들이 보여지는 가장 큰 구조들은 아니다. 대규모의 은하들 중에는 3천만 광년의 크기를 가진 복잡한 구조를 자랑하는 은하들도 있다. 최근의 관측 탐사에 따르면 은하들은 단지 아벨 성단처럼 외관상으로 구체의 **물방울**처럼 퍼져 나가고 있는 것뿐만 아니라, 소위 **필라멘트**라고 하는 선형 구조로 누워서 퍼지거나, 장벽처럼 편편히 펴진 구조로 변하기도 한다고 알려 주었다. 이것은 1988년 하버드 스미소니언 천체물리학센터의 천문학자들이 발견했던 은하의 불규칙한 이차원 집중을 말한다. 이른바 **장벽**이라고 일컫는 은하는 길이가 최소한 2억 광년에서 6억 광년에 이르며, 두께는 2천만 광년을 밑돈다. 그것은 수천 개의 은하를 갖고 있고, 적어도 10^{16}의 태양 질량을 갖고 있다. 풍부한 성단은 거대하게 느슨한 상태로 모여든 별 무리로서 **초성단**이라고 부른다. 지금까지 10개의 성단에서 50개 이상의 성단들이 모여 있는 많은 초성단이 발견되었다. 이들 중 가장 유명한 것은 **새플리**[Harlow Shapley 1885-1972. 미국의 천문학자] **콘센트레이션** 혹은 새플리 성단으로 알려져 있으며, 가장 가까운 것으로는 위에서 언급한 비르고 성단에 모여 있는 로컬 성단을 들 수 있는데, 평평한 날개 같은 판 위에서 별 무리가 이동하고 있다. 초성단은 크기가 3억 광년에 이르고, 10^{17}의 태양 질량을 갖고 있는 것으로 알려졌다.

이 구조들은 거의 텅 비어 있는 광대한 공간이 떠받치고 있는데, 이 공간들은 불규칙하지만 거의 구체에 가까운 형태를 하고 있다. 이 '텅 빈 공간'은 평균보다 훨씬 밀도는 은하들을 갖고 있거나, 아니면 어떠한 은하도 갖고 있지 않다. 대척도 붉은 이동 탐사를 통해서 2억 광년의 크기를 가진 텅 빈 공간의 밀도가 평균

치에 비해 10퍼센트를 밑도는 것이 감지되었다. 은하의 성단과 그
보다 훨씬 초성단을 갖추고 있는 텅 빈 공간이 놀라울 것은 못된
다. 평균보다 높은 밀도의 구역을 갖추고 있기 위해서는 그보다
낮은 밀도의 구역을 창조해야 하는 것이 당연한 까닭에서이다.

대척도 구조의 지도를 들여다보면서 받게 되는 강한 인상의 하
나는, 거대한 우주 '그물'이라고 부르는, 구역별로 복잡하게 사슬
로 나뉘어진 칸들이다. 이러한 복잡함은 어떤 이유에서 비롯한
것일까? 빅뱅 모형은 우주가 완만하고 모양이 없다는, 우주 원리
에 부합하는 가정하에 만들어졌다. 다행히도 구조는 우주의 그물
코보다 커다란 크기에서 사라지고 있는 듯싶다. 이러한 사실은 초
기 우주로부터 1백50광년 동안 여행해서 우리들에게 다가온 우주
극초단파 배경을 관찰한 사실에 의해서 확인되었다. 극초단파 배
경은 우주 원리에 부합하여 거의 획일적이다. 거의, 그렇지만 전
부는 아니다.

구조 형성

1992년 **COBE** 위성이 하늘에 퍼져 있는 극초단파 배경이 온도
에 따라 어떤 변화를 보이는지 탐지하고 기록하기 위해서 감지기
를 펼쳐 놓았다. 1965년에 처음으로 발견되었을 당시, 극초단파
배경은 하늘에서 등방성을 가진 것으로 여겨졌다. 후에 가서, 그
것은 온도가 수천 도에 육박하는 하늘의 어느 지점에서 거대한
규모의 변화를 겪는 것으로 밝혀졌다. 이것은 우리에게 도플러
효과로 알려져 있는데, 빅뱅 이후에 남겨진 방사선장을 지나가는

지구의 운동으로 생겨나는 것이다. 하늘은 우리가 앞으로 나아갈 때는 얼마간 더워지는 것처럼 느껴지고, 돌아올 때는 얼마간 식는 것처럼 느껴진다. 그렇지만 이러한 '이중극(二重極)' 변화를 제외하고 보면, 방사선은 모든 방향에서 똑같이 쏟아지고 있는 것 같았다. 이론가들은 오랫동안 극초단파 배경 안에 뜨겁고 차가운 얼룩으로 주름진 형태를 가진 구조가 있을 것이라고 의심해 왔다. COBE가 발견한 것이 이것이었고, 이를 통해 세계의 각 신문들의 머리기사를 장식했던 것이다.

그렇다면 극초단파 배경은 어째서 전혀 부드럽지 않은 것일까? 해답은 원시적인 거대한 구조에 긴밀하게 연관되어 있는데, 우주론에서 언제나 그러한 것처럼 중력이 연결하고 있는 것이다.

프리드만 모형은 우주의 거대한 몸집이 시간과 함께 어떻게 변화를 겪는지, 그에 관한 중요한 고찰을 던져 준다. 그러나 그들의 우주는 흠집이라곤 찾을 수 없이 완벽하게 반드러운, 이상화시킨 세상으로 그려지고 있기 때문에 비현실적이다. 그렇게 출발한 우주는 영원히 완벽하게 남아 있을 것이다. 실제의 상황은 언제나 불완전한 것이다. 어떤 지역에서는 밀도가 평균보다 좀더 높고, 어떤 지역에서는 보다 희박할 수 있다. 적잖게 덩어리투성이의 우주가 어떻게 운행되고 있을까? 대답은 이상화된 경우와는 극적으로 다르다는 것이다. 평균보다 단단한 밀도를 가진 우주의 어떤 부분은 주위의 대상을 평균보다 강한 인력으로 끌어당긴다. 그리고 주변의 물체들을 빨아들이면서, 둘러싼 공간을 고갈시킬 것이다. 그러는 동안 그것의 밀도는 평균보다 더욱 강해지고, 끌어당기는 힘도 더욱 강해진다. 이러한 효과를 '중력 불안정성'이라고 하는데, 덩어리가 송두리째 불어나는 것과 같은 상태를 표현한 것이다. 그리하여 마침내는 강한 장력을 가진 덩어리가 형성되어 우주 지도에서 본 것 같은 필라멘트와 엷은 판들을 수집하기 시작한다. 이 과정은 단지 매우 약한 파동만으로도 멈춰 버릴 수 있다. 그러나 중력이 강력한 증폭기처럼 작용하면서 미약한 최초의 주름들을 강도를 가진 거대한 파동으로 변환시켜 놓는다. 우리는 은하 탐사를 통해서 마지막 생산품의 지도를 그릴 수도 있고, COBE 지도를 통해 초기 입력을 확인할 수도 있다. 심지어 우리는 우주 팽창이 양자 파동을 생성하는 최초의 인쇄 과정에 관한 훌륭한 이론을 가질 수도 있을 것이다.

우주의 구조물들이 어떻게 형성되었는지, 그에 관한 기본적 밑그림은 오래전부터 그려져 왔다. 하지만 그것을 상세하게 예언적인 계산으로 바꾸기는 힘든데, 바로 중력의 복잡한 행동 습성 때문이다. 제3장에서 필자는 대칭성을 단순화하지 않고서는, 심지어 뉴턴의 운동 법칙을 해결하는 일도 어려울 거라고 말했다. 중력 불안정성의 마지막 단계에서는, 그러한 단순화는 찾을 수도 없다. 우주의 모든 것들이 다른 모든 것들을 끌어당긴다. 이 세계에서는 장소와 대상을 막론하고 움직이는 모든 힘의 궤적을 지켜야 할 필요가 있다. 여기서 관여한 힘의 종합은 단지 연필과 종이만으로 풀기에는 너무 벅차다.

1980년대를 지나는 동안, 거대한 컴퓨터가 등장하면서 천문학 분야에도 연구에 가속이 붙었다. 중력이 우주 구조를 만들 수 있다는 것이 명백해졌다. 그런데 이 작업을 효과적으로 해내기 위해서는 우주에 상당한 양의 질량이 존재해야만 했다. 우주 최초

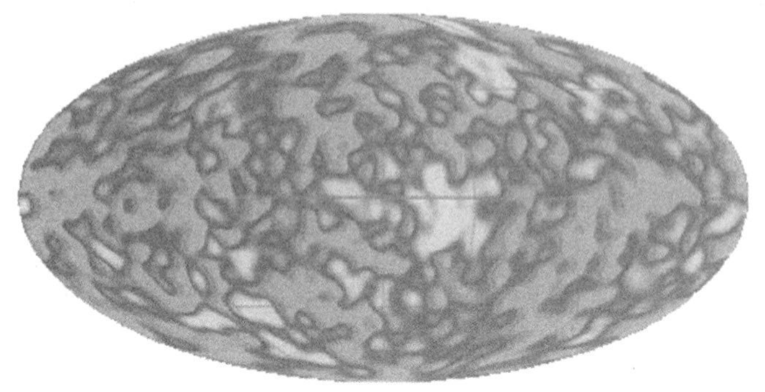

23) COBE 주름. 1992년 우주 배경 탐사위성 COBE는 하늘의 극초단파 배경에서 온도가 10만 도에 이르는 한 부분에서 가벼운 동요가 일고 있는 것을 포착했다. 이 주름들은 은하 같은 우주 구조물들이 자라나기 시작했던 씨앗으로 여겨진다.

의 핵합성에 관한 논쟁을 통해서 '보통의' 물질에서 보다 적은 양의 핵합성이 일어났음을 결론지었던 과학자들은, 이 우주가 자체로서는 핵반응을 갖고 있지 않은 낯선 검은 물질에 의해 지배되고 있다는 가정을 내렸다. 모의실험을 통한 결과, 낯선 물질에 가장 적절한 본보기로는 '차가운' 검은 물질이라는 사실을 알려 주었다. 만약 검은 물질이 '뜨겁다'고 한다면, 은하 덩어리를 적절한 크기로 만들기에는 너무나 빠르게 움직일 것이다.

가히 컴퓨터 시대라고 할 만한 몇 해들을 지나면서, 마침내 거꾸로 병을 쳐든 형상의 우주 구조들이 담긴 사진들이 등장하기 시작했다. 무엇보다 검은 물질의 작은 덩어리를 확인할 수 있었다. 이 구조물들은 좀더 큰 단위들과 합치고, 합쳐진 구조물들은 그보다 더 큰 단위들과 합치고 하는 식이었다. 그리하여 마침내는 은하 크기의 물질들이 형성되고 있었다. 바리온 물질로 만들어진 가스가 떨어져 내리고, 별들이 태어나고 있었으며, 성장한 은하가 있었다. 은하들은 사슬과 판으로 엉킨 채 천사의 9계급에 오르려는 것처럼 성장을 계속하고 있었다. 이 그림에서 구조들은 시간과 더불어, 혹은 붉은 이동과 똑같은 보조로 빠르게 진화한다.

차가운 검은 물질이라는 개념은 매우 성공적인 것이었지만, 이 계획은 완성되려면 너무도 멀었다. 지금까지도 과연 얼마나 많은 검은 물질이 있는지, 그것의 진짜 형상은 어떤 모습을 하고 있는

24) 허블 심층장(深層場). 허블 우주 망원경을 하늘의 텅 빈 공간에 맞추면서 만들어진 사진으로, 아주 희미한 은하의 멋들어진 정렬을 보여 주고 있다. 이들 중 어떤 대상은 너무나도 까마득한 곳에 있어서, 빛이 우리에게 다가오는 동안 우주 나이의 90퍼센트 이상의 시간 속을 달려온 것이다. 그리하여 우리는 은하의 진화가 막 일어나는 과정까지 목격할 수 있다.

지 아무것도 알지 못하고 있는 것이다. 은하가 어떻게 형성되는 지에 관한 세세한 문제도 가스의 운동과 별의 형성에 관여하는 복잡한 수소역학과 방사능 진행으로 인해 풀리지 않고 있다. 하지만 지금 이 분야는 단지 이론만의 세계도, 유사 모형만의 세계도 아니다. 허블 우주 망원경같이 도약적인 관측 기술에 힘입어 이제 우리는 빠르게 붉은 이동을 하는 은하를 관찰할 수 있으며, 이로 인해 우주에서 은하의 속성과 분배가 시간과 함께 정확히 어떻게 변화하는지 연구할 수 있게 되었다. 다음 세대에 의해 행해질 거대한 붉은 이동 탐사를 통해, 우리는 은하가 우주에서 흔적을 남기는 양식에 관한 매우 미세한 정보를 입수할 수 있을 것이다. 이것은 또한 검은 물질이 얼마나 많은지, 그리고 정확히 은하가 어떻게 형성되었는지에 관한 단서를 쥐고 있다. 그러나 이러한 문제의 최종적인 해결은, 중력의 불안정한 작용에서 생겨난 최종 결과에 대한 관측에서가 아닌 그 시작으로부터 나올 것이다.

창조의 소리

COBE 위성은 우주 구조의 형성에 관한 연구의 놀랄 만한 진전을 대변해 주고 있지만, 이 실험은 여러 면에서 매우 제한적인 것이었다. COBE의 가장 중요한 결점은 극초단파 배경 주름의 미세한 구조를 분석할 만한 능력을 갖고 있지 못했다는 데 있었다. 사실 COBE의 각도 분석은 단지 10도에 지나지 않았는데, 이것은 천문학 표준에 비추어 볼 때 매우 정교하지 못한 것이다. 만월을 비유하자면 약 0.5도에 해당한다. 우주학자들이 돌출하는 많은 질문들에 대해 답을 찾기 원하는 것은 극초단파 하늘의 섬세한

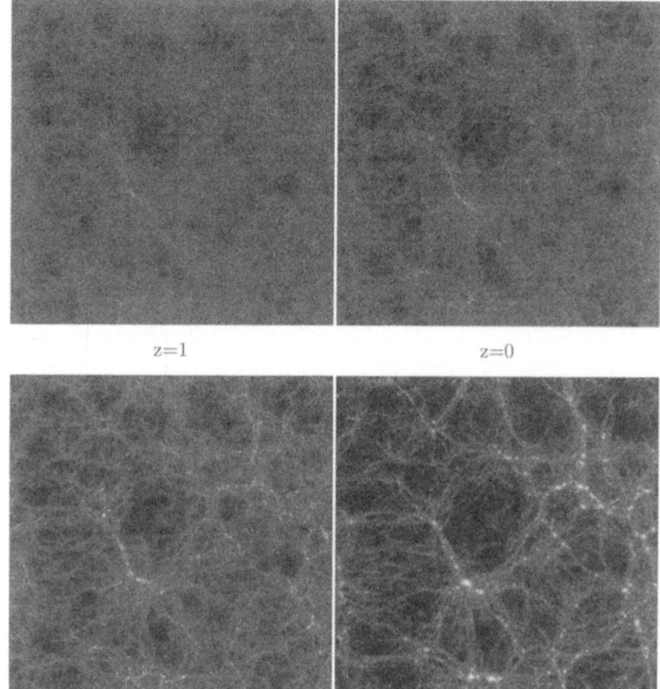

25) 구조 형성의 모사. 거의 밋밋한 초기 상태에서부터, 현대의 초대형 컴퓨터가 시간의 경과에 따른 우주 덩어리의 진화 양상을 모사하고 있다. 비르고협회에서 실시했던 이 작업을 통해서, 우주가 4팩터(요인)에 의해 팽창하는 동안 단계적으로 성단을 형성하는 광경을 확인할 수 있다. 마지막 사진에 나타난 단단한 매듭들은 은하와 은하 성단들의 모습이고, 필라멘트 구조는 탐사하는 동안 강하게 투영된 은하의 반영이다.

구조 안에서의 일이다.

　초기 우주의 주름은 일종의 음파에 의해 생성되었다. 우주가 수천 도의 온도로 몹시 뜨거웠을 때, 우주는 앞뒤로 이동하는 음파로 울리고 있었다. 태양의 표면이 이와 비슷한 온도이며, 유사하게 진동하고 있다. 빈약한 분석력으로 인해, COBE는 단지 매우 긴 파장을 가진 주름만을 감지할 수 있었다. 이것은 창조의 저음부라고 할 수 있는 매우 낮은 음도의 음파를 나타낸다. 이 음파에 내장된 정보는 중요하지만 아주 섬세하지는 않다. 그 소리는 오히려 둔중하다.

　이와는 반대로 우주는 또한 높은 음도의 소리를 만들고 있으며, 이것은 보다 흥미로운 사실이다. 음파는 특별한 속도로 여행한다. 예를 들면 공기 중에서 음파는 초당 3백 미터 가량 이동한다. 초기 우주에서 소리의 속도는 훨씬 더 빨랐으며, 빛의 속도에 가까웠다. 극초단파 배경이 생성될 즈음에는, 우주의 나이는 약 30만 년이었다. 음파가 처음으로 발생했다고 추정되는 빅뱅 이후부터 그때까지, 음파는 단지 30만 광년을 여행했을 따름이었다. 이 파장을 가진 진동은 악기의 기본음 같은 독특한 '음표'를 만들어 낸다. 은하의 초성단이 대략 그러한 크기를 가진 것은 우연이 아니다. 그 은하들은 이렇게 울려 퍼지는 우주적 팡파르에서 생성되었던 것이다.

　초기 우주의 독특한 파장은 극초단파 하늘에 뜨겁고 차가운 반점들의 형태로 모습을 드러낸다. 하지만 파장이 매우 짧아서, 그것은 COBE로 분석할 수 있는 것보다 훨씬 더 미세한 크기로 나타난다. 실제로 파장이 만드는 반점의 각도는 대략 1도에 불과하다. COBE를 활용한 이후로 우주의 기본음뿐만 아니라 그것의 높은 화음까지 감지할 수 있는 도구를 개발하기 위해 매진해 왔다. 창조음의 미세한 분석을 통해서, 현대 우주론이 직면하고 있는 여러 중요한 질문들에 답할 수 있을 것으로 여겨진다. 소리의 전파는 질량이 얼마나 되는지, 우주 정수가 존재하는지, 허블 정수가 무엇인지, 공간이 휘어졌는지, 그리고는 심지어 팽창이 일어났는지 아닌지 모든 것에 관한 정보를 갖고 있다.

2001년에 진수할 나사(NASA) 주도의 MAP 임무와 몇 년 후에

26) 부메랑(BOOMERANG). 이 사진은 남극에서 막 기구를 띄우고 있는 순간을 담은 것이다. 실험 장비가 오른쪽 차량 위에 실려 있다. 이 풍선은 순환하는 바람을 타고 남극 극지점으로 날아갔다가 원래의 지점으로 돌아올 예정이다. 남극은 매우 건조하기 때문에 지구상에서 극초단파 배경 실험을 실시하기에는 최적의 장소로 꼽힌다. 하지만 가능하다면 우주 공간으로 나가는 것이 여전히 제일 좋은 방법이다.

착수될 유럽의 우주국 산하의 플랑크 탐사선에 의한 2개의 주요한 실험은 매우 높은 분석력으로 하늘에 드리워진 주름들의 형태에 관해 상세한 지도를 그릴 수 있을 것이다. 만일 이러한 구조들의 해석이 정확하다면, 우리는 빠른 시간 내로 확정적인 대답을 얻게 될 것이다. 그러한 기대감은 허황된 것이 아니다.

그전에 탐사 결과가 어떻게 나올지에 관한 강한 예상들이 있다.

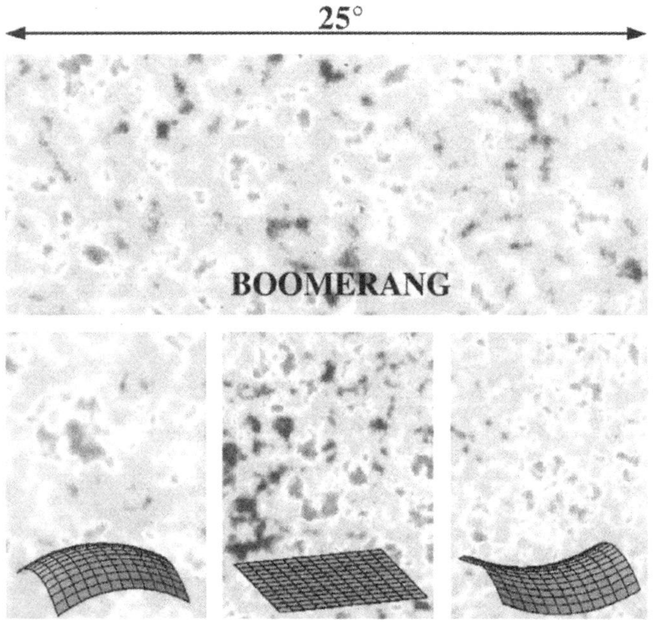

27) 공간의 평편성. 위쪽의 기다란 그림은 부메랑이 측정했던 미세한 크기의 온도 변동을 보여 주고 있다. 아래쪽은 각각 닫힌, 평평한, 열린 우주에서의 변동을 각도를 가진 도형으로 표현한 것이다. 가장 훌륭한 조합은 가운데의 평평한 우주이다. 이러한 강력한 지시는 하늘 전체를 이 개념으로 그려낼 미래의 **MAP** 실험과 플랑크 측량단에게 자극을 주었다.

2개의 중요한 풍선 실험인 부메랑(BOOMERANG)과 맥시마(MA-XIMA)는 MAP과 플랑크 탐사보다 약간 떨어지는 분석력으로 천체의 작은 일부를 그려냈다. 이 실험들은 확정적인 해답을 제시하지 않았지만, 우주가 평평하다는 기하학을 알려 주고 있다. 이러한 주장은 간단하다. 우리는 측정된 특성들을 만들어 내는 소리의 독특한 파장을 알고 있다. 이러한 파장들이 얼마나 멀리 관측될 수 있는지(약 1백50억 광년) 알고 있다. 그러므로 우주가 평평하다면 그 파장들이 천체에서 어떤 각도를 점유하는지 알 수 있다. 만일 우주가 열려 있다면 각도는 우주가 평평할 때보다도 더 작을 것이다. 반면 우주가 닫혀져 있다면 각도는 더 커질 것이다. 결과는 평평함을 함축하게 된다. 앞장에서 설명했던 가속도와 함께, 이러한 측정은 우주 정수에 대한 강력한 증거를 제공한다. 평평하지만 가속적인 우주를 갖고 있다고 우리가 알고 있는 유일한 근거는 진공 에너지가 있다는 가정에 있다.

천체 구조 연구에서 나타나는 그림은 필자가 논의한 다른 분야와 같은 선상에 있지만, 우주가 어떻게 해서 지금과 같은 존재 방식을 고안했는지 여전히 알 길이 없다. 이러한 심오한 수수께끼에 대한 해답은 물질·공간·시간의 속성에 대한 더욱 심층적인 이해에 달려 있다. 이러한 문제들을 다음장에서 다루도록 하겠다.

8

모든 존재의 이론?

현대적 의미의 물리학은 20세기 초반에 발생했던 두 번의 혁명과 함께 시작되었다. 그 중 하나는 상대성 이론의 소개였다. 그것은 금세기에 걸쳐 우주론 발전의 중심 역할을 맡았다. 다른 하나의 주요한 상승은 양자역학의 탄생이었다. 이와는 대조적으로 우주론 분야에서 양자물리학이 함축하고 있는 내용은 여전히 이해하기 어려운 것으로 남아 있다.

양자의 세계

양자 이론에 따르는 세계에서는 모든 실재가 두 가지 특성을 지니고 있다. 고전물리학에서는 별개의 두 가지 뚜렷한 개념이 자연 현상을 설명하기 위해 이용되었는데, 파동과 입자에 관한 개념들이다. 양자물리학은 이 개념들이 별도로 미시적 세계에 적용되는 것이 아님을 알려 준다. 우리가 이전에 입자일 것이라고 상상했던 물체들이 때로는 파동처럼 움직인다. 우리가 이전에 파라고 생각했던 현상들이 때로는 입자처럼 움직인다. 빛은 파동처럼 움직인다. 우리는 프리즘과 렌즈를 이용해서 빛의 간섭과 굴절 효과를 만들어 낼 수 있다. 맥스웰은 빛이 실질적으로 파 공식이라고 하는 것에 의해 수학적으로 설명될 수 있음을 보여 주었다. 빛이 가지고 있는 파 특성이 이론으로 예견된 것이다. 다른 한편으로 뜨거운 물체에서 방출되는 방사선을 연구했던 막스 플랑크는 빛의 습성이 그가 **퀸타**(quanta)라고 불렀던 분리된 다발에서 나오는 것처럼 움직인다는 것을 보여 주었다. 그는 이 퀸타가 입자와 동일한 것이라고 주장하기를 꺼렸다. 그렇게 주장했던 사람은 사실 아인슈타인이었다. 노벨상을 수상한 광전 효과에 관한 연구에서, 그는 빛이 실질적으로 입자로 이루어졌다는 주장을 함으로써 물리학의 거보(巨步)를 내디뎠다. 이 입자들은 후에 **광자**로 알려졌다. 그런데 어떻게 어떤 존재가 파동과 동시에 입자가 될 수 있는 것일까? 현실은 이와 같은 두 개념들이 동시적으로 정확하게 설명될 수 없는 것이지만, 빛이 때로는 파동처럼 움직이고 때로는 입자처럼 움직인다고 말해야 할 것이다.

아프리카로 첫 여행을 하고 나서 수도원으로 돌아오는 중세의 수도사를 상상해 보자. 여행하는 동안 그는 우연히 코뿔소들과 부대꼈고, 이 경험을 믿으려 들지 않는 형제들에게 어떻게든 그 당시의 상황을 표현해 내어야만 했다. 살아 있는 코뿔소처럼 기이한 동물이라고는 본 일이 전무한 그들에게, 수도사는 유사한 예를 들어 설명하지 않으면 안 되었다. 그는 말하기를 코뿔소는 어떻게 보면 용 같고, 어떻게 보면 유니콘(一角獸) 같다고 했다. 그러자 형제들은 그 짐승이 어떤 모습을 하고 있는지 그럴듯한 그림을 갖게 되었다. 여기서 변함없는 사실은 코뿔소는 존재하지만, 용이나 유니콘은 자연에 존재하지 않는다는 점이다. 우리의 양자 세계가 그와 같다. 현실은 이상화된 파동만으로도, 이상화된 입자만으로도 설명되지 않는다. 하지만 이 개념들은 사물이 있는 방식의 어떤 국면에 인상을 줄 수 있다.

별도의 덩어리 혹은 광자로부터 에너지가 생겨났다는 발상은 1913년에 이미 닐스 보어가 가장 단순한 모든 종류의 원자들과 수소 원자들에게 성공적으로 적용했었으며, 이밖에 원자 및 핵물리학의 여러 분야에도 적용된 적이 있었다. 원자와 분자에 존재하는 별도의 에너지는 분광학 분야의 기본적인 요소이자, 천체물리학이나 토론과학과 같은 다양한 분야에서 주요 역할을 맡고 있으며, 은하의 후퇴를 발견한 허블에게 결정적인 단서 역할을 했던 것이다.

불확실한 우주

에너지나 빛이 양자화된 특성을 받아들이는 일은 단지 현대 양자역학을 이룩했던 혁명의 출발에 불과하다 할 것이다. 빛이 지니고 있는 입자와 파동의 두 가지 속성이 마침내 명백히 밝혀졌던 것은 1920년대에 들어서 슈뢰딩거와 하이젠베르크가 발표한 논문들을 통해서였다. 한동안 광자의 존재는 과거와 같은 방식으로 받아들여졌다. 이러한 광자를 잘 알려진 빛의 파동 습성과 융화시킬 수 있는 방도가 없었다. 1920년대에 출현했던 것은 파동역학의 기반 위에 세워졌던 양자물리학 이론이었다. 슈뢰딩거의 양자 이론에 의하면, 모든 체계의 습성은 보통 Ψ로 표기되는 파동함수 용어로 표현되며, 슈뢰딩거 방정식이라고 일컫는 공식에 따라 진화한다는 것이다. 파동함수는 공간과 시간에 함께 달려 있다. 슈뢰딩거의 공식은 공간과 시간 속에서 동시에 동요하는 파동을 표현하고 있다.

　그렇다면 입자의 습성은 어떠한가? 해답은 양자 파동함수는 어떤 물체를 전자파식으로 표현하지 않는다는 것이다. 사람들은 흔히 어떤 물리적 물체가 공간의 한 점에 존재하면서 시간 속에서 변동하는 존재라고 생각한다. 양자 파동함수는 '가능한 파동'을 표현한다. 양자 이론은 파동함수야말로 사람들이 체계에 대해 알 수 있는 모든 것이라고 주장한다. 우리는 분명한 확신을 가지고서 주어진 시간에 입자가 어디에 있게 될지 예측하지 못하는 것이다. 단지 입자가 있을 법한 가능성의 위치만 알고 있을 뿐이다.

　이러한 유명한 파동-입자 이중성을 불확정성 원리라고 부른다. 이 원리는 물리학을 향한 여러 가지 반향을 갖고 있다. 그 중 간단명료한 것은 입자의 위치와 그 속도에 관한 것이다. 하이젠베르크의 불확정성 원리는 입자의 위치와 속도를 따로따로 독립적으로 알 수가 없다는 것이다. 입자의 위치를 잘 알면 알수록 속도를 파악하기는 더욱 어려워진다는 논리이다. 설사 입자를 정확하게 꼬집어 가리킨다 할지라도 그 순간의 속도는 철저하게 알 수 없다. 설사 속도를 정확히 알아낸다고 하더라도 입자는 아무데고 멈출 수 있다. 이 원리는 양에 관련된 것으로 단지 위치와 운동량에 국한하여 적용되는 것뿐만 아니라, 결합변수로 알려진 에너지와 시간을 비롯한 기타 물체의 쌍에 적용된다.

　에너지-시간 불확정성 원리가 제시하는 특별하게 중요한 결론이라면, 텅 빈 공간이 이러한 불확정성 원리에 의해 조정되는 시간대에서 튀어나오고 들어가는 단명한 입자들에게 탄생을 줄 수 있다는 것이다. 이것이 왜 입자물리학자들이, 진공이 에너지를 갖고 있을 것이라고 기대하는지 바로 그 이유이다. 다른 말로 말하

면 세상에는 우주 정수가 있어야 한다는 것이다. 단 한 가지 문제
는 우리가 그것을 계산할 수 없다는 것이다. 가질 수 있는 훌륭한
추측만 해도 광도로 따지자면 1백여 가지가 넘는다. 하지만 우주
에 관한 불확정성 개념은 하나의 두드러진 성공을 거두었다. 우
주 구조를 성장시켰던 원시적 밀도의 작은 변동이 이 원리에서
이유를 찾게 된 것이다.

뉴턴 물리학을 따라서 달려가고 있는 이 우주는 **결정론적**이다.
주어진 시간에 체계 안에 있는 모든 입자의 위치와 속도를 알고
있다면, 후속된 시간에서 그들의 운동 습성을 예상할 수 있을 것
이기 때문이다. 양자역학이 모든 것을 바꾸어 놓았다. 이 이론의
근본적 요소는, 입자의 습성이 본래부터 예측 불가능한 것이기 때
문에 있을 법한 가능한 위치를 산정해야 한다는 것이다.

이같은 가능한 접근을 두고 벌어질 해석은 많은 논쟁거리에 열
려 있다. 예를 들어 입자들이 가깝게 분리된 2개의 갸름한 틈을
빠져나가고 있는 광선을 생각해 보자. 이 상황에 부합하는 파동
함수는 '가능한 파동'이 양 틈을 동시에 통하는 까닭에 간섭 현
상을 보인다. 광선이 강력하다면 그것은 막대한 수의 광자를 구
성할 것이다. 통계적으로 보면 광자는 파동함수로부터 지시받은
가능성에 따라 구멍 뒤의 스크린에 착륙해야 한다. 틈이 간섭 현
상을 보였기 때문에 장막에는 밝고 희미한 띠들이 복잡하게 얽힌
모습이 나타날 것인데, 여기서 파동은 이따금 상(相)을 더하고, 이
따금 서로 말소시킨다. 이것은 적절한 것처럼 보이지만, 광선의
힘을 약화시켜 보도록 하자. 그리하여 틈을 통과하는 광자가 어
느 때이건 하나 있는 경우를 만들어서 실험할 수도 있다. 이 경우

광자들이 도착하는 것을 장막을 통해 확인할 수 있다. 실험 시간을 늘여서 실시하는 경우에는 장막에 지속적으로 반복해서 나타나는 일정한 유형을 읽을 수 있을 것이다. 이 장치는 광자가 한 번에 하나씩 지나가게 되어 있음에도 불구하고, 장막에는 여전히 간섭과 회절로 인한 빛의 줄무늬가 나타날 것이다. 각각의 광자는 원천을 출발할 때 파동으로 변하여 양 틈을 통과하고, 가는 도중 간섭하면서 장막에 도달할 즈음에는 일정한 위치에 자리잡기 위해서 광자로 되돌아간다.

그렇다면 과연 무슨 일이 진행되고 있는 것일까? 명백하게 각각의 광자는 장막의 특정한 위치에 자리를 잡는다. 이 시점에서 우리는 그들의 위치를 확실히 알 수 있다. 그런데 이 시점에서 이 광자를 위한 파동함수는 무슨 역할을 하고 있을까? 소위 코펜하겐 해석이라고 불리는 것에 따르면, 이 경우 파동함수는 붕괴하여 하나의 점으로 집중되어진다. 이러한 결과는 실험을 진행할 때마다 매번 뚜렷한 결과로 나타난다. 하지만 결과가 자리잡기 전에 특성은 결정되지 않는다. 광자는 실제로 2개의 틈 중에서 어느 하나도 통과하지 않는다. 그것은 '뒤섞인' 상태에 있다. 측정 행위가 파동함수를 변화시키고, 그런 까닭에 상황이 변한다. 이것은 여러 과학자들에게 의식과 양자 '현실' 간의 상호 작용에 관해 숙지하게 만들었다. 파동함수를 붕괴하게끔 만드는 것은 인간의 의식인 것일까?

이 수수께끼에 관련한 유명한 보기로서, 슈뢰딩거의 고양이라는 역설적인 예가 제시되었다. 독이 들어 있는 물약병이 설치된 밀폐된 방에 한 마리 고양이가 있다고 가정해 보자. 물약병은 그것을 파괴할 장치에 부착되어 있어서, 양자가 발생하면 고양이를 독성에 물들이게끔 되어 있다. 예를 들어 방사능 물질의 덩어리로부터 알파 입자가 분출되는 것과 같은 식으로. 물약병이 깨지기라도 하면 죽음은 순식간이다. 대부분의 사람들은 주어진 시간 동안 고양이가 살아 있거나 죽게 될 거라고 받아들인다. 하지만 코펜하겐 해석을 진지하게 받아들인다면, 결과의 양상은 두 가지 경우를 함께 보인다. 고양이를 위한 파동함수는 두 가능한 상황에 대한 초월적 위치를 점유하고 있다. 오직 방문이 열렸을 때에만 이 '측정된' 고양이의 상태는 살아 있거나 죽은 것으로 '된다.'

코펜하겐 해석에 대치되는 이론은 측정이 실행되었을 때 물리적으로는 아무것도 변하지 않는다는 것이다. 일어나는 것이 있다면, 관측자의 지식 상태가 변하는 것이다. 만약 파동함수가 실제로 진실한 사실보다는 관측자에 의해 알려진 것을 나타내고 있다고 한다면, 입자가 일정한 상태에 있을 것이 알려진 터에 파동함수가 변하는 것은 아무런 문젯거리가 되지 않는다. 이러한 관점은 양자역학의 어떤 수준에서 물체들은 결정론적이라는 해석을 시사하고 있다. 다만 우리는 충분히 예측할 만큼 알고 있지 못하다는 사실이다.

그런데 이와 다른 관점으로 여러 세계의 해석이 있다. 여기서는 매번 실험을 진행할 때마다, 다시 표현해서 매 시간 광자가 틈을 통과할 때마다 있는 그대로의 우주가 2개로 쪼개지는 것이다. 그리하여 한 우주에서는 광자가 왼쪽 틈으로 빠져나가고, 다른 한 우주에서는 오른쪽 틈으로 빠져나간다. 이 현상이 모든 광자에게 일어난다면, 그때는 마지막에 가서 어마어마한 수의 평행한 우주들이 생겨날 것이다. 이러한 조화 속에서는 모든 형태의 실험을 통해 모든 형태의 결과가 나올 수 있다. 어지러운 평행한 우주로 들어가기 앞서 이야기를 요약해 보도록 하자.

잃어버린 연결고리

필자는 제5장에서 기본적 상호 작용에 관한 표준 모형에 대해 설명한 바 있다. 이것에 협력하는 세 가지 힘들은 양자 이론에 의해 전부 설명된다. 기본적 상호 작용의 네번째는 중력이다. 이 힘은 자신을 사물의 정형화된 구조 속으로 맞추어 넣으려는 모든 시도에 대해 극도로 저항적임이 밝혀졌다. 그러한 시도의 첫 단계로는 양자 중력 이론을 만들기 위해 중력 이론 속으로 양자물리학을 병합하는 일일 것이다. 꾸준한 분투에도 불구하고, 이 일은 아직 성취되지 않았다. 언젠가 이것이 이루어진다면, 다음 단계의 작업은 양자 중력을 입자 상호 작용의 통합 이론과 단일화시키는 일일 것이다.

참으로 이론물리학의 현대적 역사를 열었던 일반 상대성 이론이, 자연계의 모든 힘을 통합한 이론으로 전진하는 발걸음을 비틀거리게 하는 걸림돌이 된다는 것이 모순적이다. 여러 면에서 중력의 힘은 극단적으로 약하다. 대부분 물체는 수많은 체계적 질서를 이루고 있는 양자들 사이에 존재하는, 중력보다 더 강한 전기적 힘에 의해 이끌려서 형체를 유지하고 있다. 그렇지만 그 취약성에도 불구하고 중력은 자신을 양자 이론에 합하려는 시도에 저항하는 난처한 성격을 갖고 있다. 아인슈타인의 일반 상대성 이

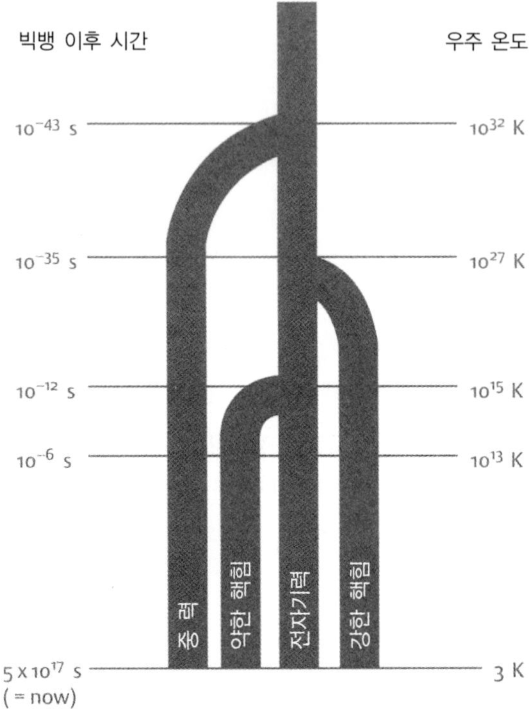

28) 모든 것의 이론. 낮은 에너지의 세계에서 우리가 알고 있는 네 가지의 자연의 힘은 높은 에너지에서는 분리할 수 없을 만큼 단단하게 하나로 뭉칠 것으로 여겨진다. 빅뱅으로 시계를 돌리면서, 우리는 우선 전자기와 약한 상호 작용이 약전기력에 합쳐지기를 기대한다. 높은 에너지에서는 여전히 이 약전기력이 대통합 이론(GUT) 안에서 강한 핵의 힘과 합칠 것이다. 또한 높은 에너지에서는 여전히 중력이 모든 것의 이론을 만들어 내는 데 동참할 것이다. 만일 현실로 존재할 수 있다면 빅뱅을 충분히 표현할 것이 이 이론이다.

론은 고전적 이론이다. 그런 의미에서 맥스웰의 전자기학 공식도 또한 고전적이다. 그것의 본질은 분리되어 있고 순조로우며, 습성은 가능적이라기보다 결정적이다. 다른 한편으로 양자물리학은 근본적인 덩어리를 표현한다. 모든 것이 별개의 퀀타 혹은 양자 덩어리로 되어 있다. 일반 상대성 공식은 과거의 어떤 시점에 충분한 정보가 주어지기만 했다면, 미래의 어떤 시점에 우주의 정확한 상태를 산정하는 일이 가능하다는 것을 보여 준다. 그러므로 그것은 결정론적이다. 반면에 양자의 세계는 하이젠베르크의 불확정성 원리에 색인된 불확실성에 뿌리를 두고 있다.

물론 고전적인 전자기학 이론은 완벽하게 여러 목표에 들어맞지만, 어떤 상황에서는 설득력을 잃어버린다. 가령 방사선장이 매우 강할 경우이다. 이런 이유로 물리학자들은 전자기학 양자 이론 아니면 양자 전기역학(QED)을 추구하거나 마침내 발견하곤 했다. 이 이론은 또한 특수 상대성 이론에 부합되게 구성되었는데, 일반 상대성 효과는 포함하지 않는다.

아인슈타인 공식이 대부분의 물리학적 목표에 들어맞는 것으로 판명된 이상, 중력의 양자 이론을 구축하려는 시도는 그와 유사하게 자연스러운 일이다. 아인슈타인은 언제나 그의 이론이 이런 방면에서는 미완성의 상태라고 믿었으며, 궁극적으로 보다 복잡한 이론으로 대치하고자 했다. 고전적인 전자기학이 붕괴된 사례와 유사하게, 사람들은 중력장이 너무 강하거나 길이가 극도로 짧은 경우에 이런 경우가 생길 수 있다고 주장한다. 이러한 이론을 구축하려는 시도는 오랜 세월을 거쳐 오면서 줄곧 성공하지 못하고 있다.

비록 양자 중력 이론이 포함하고 있을 내용에 대한 총체적인 그림은 완성되지 않았지만, 숙지할 만한 몇 개의 흥미로운 생각들은 있다. 예를 들면 일반 상대성 이론이 근본적으로 공간-시간의 이론이기 때문에, 공간과 시간 자체는 양자 중력 이론 안에서 양자화되어야만 한다는 것이다. 이것은 공간과 시간이 지속적이고 순조로운 존재로 나타나고 있긴 하지만, 플랑크 길이(약 10^{-33} 센티미터)처럼 극미한 척도에서 공간은 훨씬 더 옹이 지고 복잡한 구조로 드러난다. 벌레 구멍이라고 불리는 터널에 의해 연결된 거품 같은 위상의 방울들이 10^{-43}초에 해당하는 플랑크 시간 속에서 끊임없이 형성되고 닫혀지기를 반복하고 있다. 이밖에도 양자화된 중력 파동 혹은 **그라비톤**이 다른 기본적 상호 작용에서, 가령 양자 전기역학 이론의 광자처럼 측정계 보손의 역할을 맡고 있을 것이라는 추측은 설득력이 있다. 아무튼 지금까지 이러한 생각들이 정확하다는 구체적인 증거는 없다.

양자 중력에 연관된 미세한 크기의 길이와 시간은 어째서 이 양자 중력이 실험가들보다는 이론가들의 분야인지를 보여 준다. 입자들을 플랑크 길이나 그보다 작은 배열 구역 안으로 들이밀 수 있는 도구는 지금까지 만들어지지 않았다. 이 일을 진행하는 데 필요한 막대한 에너지는 중력의 양자 특성을 밝혀내기 위해 필요하다. 많은 이론가들이 입자 실험에서 등을 돌리고 우주론으로 향한 것은 바로 이런 이유에서이다. 빅뱅은 플랑크 척도상의 현상에 가담했을 것이 틀림없으며, 그러므로 적어도 원리적으로는 우주론으로부터 기본적 물리학을 배우는 것이 가능할 것이다.

시간의 시작

우주가 시작되었던 바로 그 순간에 존재했던 단일성은 빅뱅 모형에게는 나쁜 소식이다. 블랙홀 단일성처럼 그것은 온도와 밀도가 진실로 무한대로 되어 버린 진짜의 단일성이다. 이 측면에서 빅뱅은 블랙홀을 형성한 중력 붕괴의 역-시간 같은 종류로 생각할 수 있다. 슈바르츠실트의 해석에서 보았듯이, 많은 물리학자들은 최초의 우주적 단일성이 빅뱅의 모형을 세우는 데 이용된 아인슈타인 공식을 풀이하는 특별한 형태의 해석의 결과일 것이라고 생각했다. 하지만 지금 이 주장은 정당하게 받아들여지지 않는다. 호킹과 펜로즈는 일련의 매우 일반적인 조건들이 적용되는, 팽창하는 우주의 과거 속에 불변으로 존재하는 단일성을 보여 주기 위해 펜로즈의 고유한 블랙홀 정리(定理)를 일반화시켰다. 물리학 이론은 빅뱅에 있어서 불쾌한 무한대가 나타나는 순간 완전하게 우리의 기대를 저버리고 만다.

그렇다면 이 단일성을 피하는 길은 없을까? 만일 있다면, 어떻게 찾아야 할까? 최초의 우주적 단일성은 고전적인 일반 상대성 이론에 기초한 것을, 이 이론이 더 이상 유효하지 않은 상황에서, 별도로 보외적(補外的)인 감축을 시도한 결과 같은 것에 가장 가깝다. 이것이 아인슈타인이 블랙홀을 논의하는 도중 제3장에 인용했던 구절처럼 언급한 내용이다. 필요한 것은 양자 중력이다. 그렇지만 우리는 그에 관한 이론을 갖고 있지 않다. 그리고 그것을 갖고 있지 않기 때문에 우리는 명백하게 병리적인 우주의 탄생에 관련된 수수께끼가 풀릴 것인지 모르고 있다.

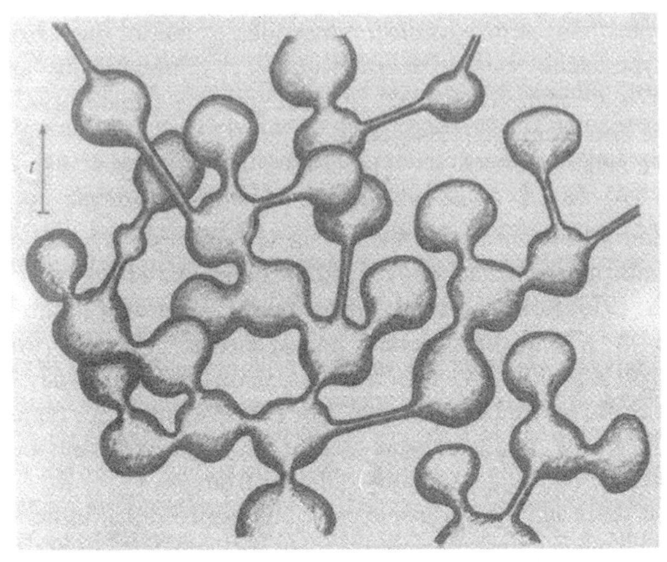

29) 공간-시간 거품. 양자 중력과 연관된 한 가지의 개념은 공간-시간 자체가 방울과 관이 모인 형태로 끓어오르면서 존재의 영역으로 튀어나왔다가 플랑크 시간에 비교되는 시간 척도로 사라질 수 있다는 것이다.

하지만 양자 효과에 호소하지 않고서도, 고전적 일반 상대성 이론에서 부대끼는 최초의 단일성을 피해 갈 수 있는 방법은 있다. 첫째로 호킹과 펜로즈가 제시했던 조건들을 따르지 않는, 가장 최초의 우주에서의 물질에 관한 상태 방정식을 제시하면서 단일성을 피하는 방법이다. 이러한 조건들의 가장 중요한 요소는 **강한 에너지 조건**이라고 일컫는 높은 에너지에서 물체의 특성을 제한하는 일이다. 이 조건은 실질적으로 여러 가지 요인에 의해 지켜지지 않을 수 있다. 특히 이것은 우주 팽창 이론에서 예견된 가속 팽창에 의해 균형이 깨질 수 있다. 바로 시초의 시점에서 이 조건이 무너진 모형은 단일성보다는 '반동(反動)'을 가질 수 있다. 시곗바늘을 되돌려 놓으면 우주는 최소한의 크기로 줄어들고, 그리고는 다시 팽창을 시작할 것이다.

단일성을 회피할 수 있는지 아닌지는 열린 의문으로 남아 있다. 그리고 플랑크 시간에 앞서 가장 초기의 빅뱅의 국면을 우리가 묘사할 수 있을 것인지, 이에 관한 의문은 적어도 양자 중력에 관한 총체적인 이론이 세워질 때까지는 열린 채로 남아 있을 것이다.

시간의 화살

우주의 시작에 존재했던 단일성은 창조가 시작되는 순간에 있어서의 공간의 특성과 시간에 관한 의문을 던져 준다. 이 시점에서 실질적으로 시간이 어떤 것인가 하는 명확한 정의를 포함하는 것이 바람직할 것이다. 우리 모두는 시간이 하는 일에 대해 친숙한 상태이고, 일련의 사건들은 잇따르는 시간 속에서 질서를 잡으려고 한다는 사실을 알고 있다. 우리는 원인과 결과의 사슬을 따라서, 한 사건이 변함없이 다른 사건을 뒤따르는 현상을 묘사하는 데 익숙해져 있다. 하지만 우리는 이러한 단순한 개념 이상의 것을 얻어 가지지 못한다. 결국에 가서는 시간이 무엇인가 하는 의문에 대한 가장 훌륭한 정의는, 시계에 의해 측정되는 현실 그대로의 것이 바로 시간이라는 것이다.

아인슈타인의 상대성 원리는 절대 공간과 절대 시간에 관한 뉴턴식의 개념을 효율적으로 파괴시켰다. 입자의 운동이나 실험 당사자를 불구하고 절대적이고 불변한 3개의 공간적 차원과 1개의

시간 차원을 가지는 대신, 상대적 물리학은 이들을 하나의 공간-
시간이라는 사차원 실재로 묶어 버렸다. 여러 가지 목적에서 시
간과 공간은 다음과 같은 이론에서 수학적으로 동등하게 취급된
다. 다른 관측자들은 일반적으로 두 가지의 같은 사건 사이에서
상이한 시간 간격을 두고 측정한다. 하지만 사차원의 공간-시간
격차는 언제나 똑같다.

그런데 아인슈타인의 이론적 돌파의 성공은, 우리들이 매일의
경험을 통해서 시간과 공간이 근본적으로 다르다는 사실을 알고
있다는 것을 애써 감추려는 것처럼 보인다. 우리는 북쪽으로든
남쪽으로든, 동쪽으로든 서쪽으로든 여행할 수 있지만, 시간만큼
은 언제나 앞으로만, 미래를 향해서 갈 수 있을 뿐이다. 우리는
주어진 동일한 시간에 다른 공간적 장소에서 런던과 뉴욕이 동시
에 존재한다는 사실이 흐뭇하다. 하지만 5001년에 가서도 모든
것들이 우리가 현재 생각하는 식으로 존재할 것이라고 믿는 사람
은 아무도 없다. 우리는 또한 지금 우리 자신들이 미래의 시간에
일어날 일들의 근거가 되는 일을 하고 있다는 사실을 뿌듯하게
생각한다. 하지만 우리는 사건들을 동시에 두 장소에서 생각하지
는 않는다. 공간과 시간은 실로 다른 존재이다.

우주론의 수준에서, 확실히 빅뱅은 선호하는 선택적 방향을 갖
고 있는 것처럼 나타난다. 그렇지만 그것을 표현하고 있는 공식
은 다시금 시간-대칭적이다. 우리의 우주는 수축하고 있다기보다
는 팽창하고 있는 것처럼 보인다. 그렇지만 그것은 붕괴되고 있
을 수 있으며, 역시 같은 법칙으로 표현될 수 있다. 아니면 우리
가 관찰하는 시간의 방향성이 우주의 대규모 팽창에 의해 단독으

로 발탁되었던 것일까? 호킹과 같은 과학자들에 의해서 이러한 사실들이 숙고되었다. 만일 우리가 닫힌 우주에 살고 있는 것이라면, 궁극적으로 팽창은 멈추고 수축이 시작될 것이라고. 이때 시간은 수축하는 속도에 맞추어서 효율적으로 후진할 것이다. 사실 이러한 일이 일어날 수 있다면, 우리는 뒤로 달려가는 시간 속에서 수축하는 우주와, 앞으로 달려가는 시간 속에서 팽창하는 우주 사이의 차이점을 설명할 수 없을 것이다. 호킹은 한동안 이것이야말로 이상적인 사물의 질서라고 생각하다가, 후에 가서 생각을 바꾸었다.

아인슈타인 이론으로부터 뻗어 나오는 보다 추상적인 문제는 전적으로 사차원인 세계에 관한 개념이다. 입자들의 전세계적인 연결, 공간과 시간 속에서의 그들 운동에 관한 전 역사를 도표로 제시하는 일은 이론적으로 계산할 수 있는 일이다. 다른 시간대에 존재하는 입자는 두 입자가 다른 장소에서 같은 시간에 존재하는 것과 마찬가지 방식으로 존재한다. 이것은 자유 의지를 가진 우리의 생각으로서는 진실로 별난 이야기가 아닐 수 없다. 우리의 미래란 벌써부터 존재하는 것일까? 모든 것은 이런 방식으로 사전에 결정되어 있는 것일까?

이러한 질문은 상대성 이론과 우주론에 국한된 것만은 아니다. 많은 물리학 이론들은 다른 공간적 장소에서 대칭적인 것처럼 과거와 미래 간에 있어서도 대칭적이다. 인식된 시간의 비대칭성을 어떻게 이러한 이론들과 융화시키느냐 하는 것은 깊은 철학적 퍼즐이라고 하겠다. 물리학 이론에는 적어도 2개의 주요한 다른 가지가 있는데, 때때로 우리에게 **시간의 화살**이라고 하는 문제를 제시한다.

전능한 원리로 여겨지는 물리학 원리로부터 열역학 제2법칙이 곧바로 도출된다. 이것은 닫혀진 체계에서의 상태 함수 **엔트로피**가 결코 감소하지 않음을 의미한다. 엔트로피는 체계의 무질서를 측정하는 것인데, 이 법칙은 체계의 무질서 정도가 언제나 증가하는 경향을 보임을 뜻한다. 필자는 연구실에서 주기적인 탐구를 하는 동안 여러 차례의 실험을 통해 이 사실을 입증한 바 있다. 두번째 법칙은 **거시적** 사항에 관한 것이다. 이것은 증기 기관 같은 커다란 물체를 다루는데, 실은 상세한 물리적 이론이 제공한 원자와 에너지 상태에 관한 미시적 해석으로부터 나온 것이다. 이러한 미시적 상태를 조정하는 법칙은 시간에 관하여 거의 모두 뒤집어서 해석할 수 있는 것이다. 그렇다면 시간의 화살은 어떻게 출현하는 것일까?

고전적인 열역학 법칙과 유사한 법칙이 블랙홀과 일반적인 중력장의 특성을 표현하기 위해 구축되어 왔다. 비록 중력장과 관계된 엔트로피에 대한 정의가 규정하기 힘들지만, 이 법칙은 시간의 화살이 심지어 붕괴하는 우주 속에서도 자신을 지탱한다는 사실을 알려 주고 있다. 호킹이 그 자신의 시간 뒤집기 개념을 포기했던 것도 이런 이유에서였다.

또 다른 시간 화살의 문제가 양자역학으로부터 나타난다. 이것은 다시 한 번 시간 대칭성을 띠고 있는데, 여기에는 실험을 실행했을 때 파동함수가 무너지는 것과 같은 기묘한 현상이 발생한다. 파동함수는 오직 시간의 한 방향으로만 붕괴되고, 다른 나머지 방향으로는 붕괴되지 않는다. 그런데 이것은 필자가 앞서 귀띔한 것처럼 양자역학의 해석에서 비롯한 개념적 어려움일 것이 분명하다.

무경계 가정

공간과 시간은 우리에게 매우 상이한 개념으로서, 빅뱅으로부터 멀리 이동한 낮은 에너지의 세계에서 우리들처럼 살고 있다. 그런데 이것은 공간과 시간이 언제까지나 다를 것이라는 걸 말하는 것일까? 아니면 중력의 양자 이론 속에서 그들이 실제적으로 같아질 수 있을까? 고전적인 상대성 이론에서, 공간-시간은 삼차원의 공간과 일차원의 시간이 한데 융해되어 있는 사차원의 구조물이다. 그러나 공간과 시간은 등가적이지 않다. 호킹이 짐 하틀과 함께 개발했던 양자우주론에 관계된 한 개념은, 시간의 특징적인 표시가 중력장이 매우 강할 때는 지워져 버린다는 것이다. 이 개념은 상상의 숫자, 즉 허수의 특성을 독창적으로 이용하는데 기초하고 있다. 허수는 마이너스 1의 제곱근으로 규정되는 숫자 i의 모든 배수이다. 시간의 성격을 이처럼 서투르게 땜질한 것이 호킹과 하틀이 주장했던 양자우주론의 **무경계** 가정의 내용이다. 이 이론에 의하면 시간이 공간과 자신을 구별하는 성격을 잃어버리기 때문에, 시간과 더불어 시작된다는 개념은 무의미해진다. 이러한 설정에서의 공간-시간은 그러므로 경계가 없다. 시간이 존재하지 않고 단지 다른 방향의 공간만이 존재하는 까닭에, 여기에서는 빅뱅도 단일성도 찾을 수 없다.

이러한 빅뱅의 관점은 창조가 배재된 것이다. 왜냐하면 창조라는 단어는 어떠한 종류의 '앞과 뒤'를 포함하고 있는 것이기 때문이다. 시간이 존재하지 않는다면, 우주는 시작을 가지지 않는다. 빅뱅에 앞서 무엇이 일어났는가 하고 묻는 것은, 북극보다 더 올라간 북쪽은 어디인가를 묻는 일과 똑같다. 질문 자체가 무의미하다.

필자는 무경계 가정이 모든 우주학자들에게 받아들여지고 있는 것은 아니라는 점을 강조하고 싶다. 우주의 시작에 관한(혹은 그것의 부재에 관한) 여러 가지 다른 해석들이 꾸준히 제시되어 왔던 것이다. 러시아의 물리학자 알렉산드르 빌렌킨은 양자우주론에 대체적인 이론을 제시했다. 즉 그 세계에서는 뚜렷한 창조의 사건도 없이, 우주는 다만 무에서 빠져나오는 양자들의 진행으로 출현했다는 것이다.

모든 것의 이론

필자는 입자물리학자들과 우주학자들이 양자물리학과 중력 이론을 함께 병합시켜 보려고 노력했던 몇몇 분야에 관해 설명해 보았다. 이것은 많은 물리학자들이 느끼고 있는 과학의 궁극적인 목표를 향한 한 발걸음이 되어 줄 것이다. 알려진 모든 자연의 힘을 하나의 공식 형태로 표현하는 수학적 법칙을 만들고자 하는 바람은, 아마도 정장에 대한 취향이 없어서 티셔츠를 입어야 하는 것과 닮았다.

　물리학 법칙, 때로는 자연의 법칙이라고 불리기도 하는 이것은 물리과학의 기본 도구이다. 이것은 기본 입자 형태로 존재하는 물체들의 습성과 앞에서 설명했던 다양한 기본적 상호 작용들을 따르는 에너지를 조정, 지배하는 수학적 공식들을 포함하고 있다. 때때로 자연의 물리적 진행에 관한 관측과 실험을 통해 얻어진 결과들이, 바로 이 정보들을 설명하는 수학적 원리를 추리하는 데 활용되곤 한다. 다른 한편 이론은 우선적으로 물리적 가정의 결과나 원리에 의해서 만들어지는데, 이것은 실험의 맨 마지막 단계에 이르러서야 얻어지는 확증을 통해 이루어지는 것이다. 우리의 이해가 확장되어질수록 분리되어 있던 것처럼 비쳤던 물리학 법칙들이 단일한 수용의 이론으로 합쳐진다. 위에서 소개되었던 사례들은 지난 1백여 년 동안 갖가지 연구들이 어떻게 서로 영향을 끼치고 도우면서, 물리학이라는 하나의 줄기를 형성해 왔는지를 보여 주고 있다.

　그런데 이러한 모든 활동의 표면 근저에는 깊은 철학적 질문이 누워 있다. 물리학 법칙이 최초의 우주에서는 다르다고 하면 어떻게 할 것인가? 그러고도 여전히 이 연구를 계속할 것인가? 이에 대한 해답은 현대 물리학이 실질적으로 물리학 법칙이 변화시키는 것을 예측할 수 있다는 데 있다. 예를 들면 빅뱅의 앞선 단계로 올라가면 올라갈수록, 자연계의 전자기(電磁氣)와 약한 상호 작용은 변화를 거듭하여 높은 에너지에서는 서로 구별할 수 없는 상태가 된다. 이러한 법칙의 변화는 다른 법칙의 이름으로 표현된다. 소위 약전기(弱電氣) 이론이 그것이다. 어쩌면 이 이론은 대통합 이론이 앞서 취하는 척도에서 수정되고, 그리고는 우주의 최초의 순간으로 곧바로 회귀하고 있다고 볼 수 있다.

기본적인 원리들이 어떠하든지간에, 물리학자들은 빅뱅이 출현한 이후에 모든 시간을 그것에 적용하고자 매달린다고 해도 과언이 아닐 것이다. 시간과 함께 변하는 것은 단지 이러한 기본적 원리들의 낮은 에너지 결과들이 전부이다. 이러한 가정을 하면서, 물리학자들은 관찰을 통해 심각한 갈등을 겪게 되지 않을 것으로 보이는 우주의 열(熱) 역사에 관한 일관된 그림을 그릴 수 있을 것이다. 이러한 사실은 이 가정이 합리적인 것처럼 보이게 만들지만, 그렇다고 옳다는 것을 입증하지는 않는다.

물리학 이론 안에서 수학의 역할을 두고서, 일련의 중요한 의문들이 나타난다. 자연은 실제로 수학적인가? 아니면 우리가 고안해 내는 원리들이란 단지 가능한 대로 몇 장의 종이 위에 우주를 묘사하기 위한 방편으로 취하는 일종의 속기(速記)에 불과한 것은 아닐까? 우리는 물리학의 법칙들을 발견하는 것일까, 아니면 발명하는 것일까? 물리학은 단순한 하나의 지도일까, 그렇지 않다면 그 자체의 영역을 가지고 있는 것일까?

공간과 시간의 참된 시작에 관련하여 물리학 법칙과 연결된 또 다른 진지한 주제들이 있다. 예를 들어 양자우주론의 어떤 내용들에 있어서는, 물리학 법칙이 묘사하고자 하는 물리적 우주에 앞서서 존재하는 물리적 법칙의 존재를 있던 그대로의 모습으로 자리잡아 주어야 한다. 이것은 많은 이론가들이 플라톤의 개념으로 향하는 철학적 접근을 받아들이게끔 만들었다. 전통적인 플라톤 철학에 있어서, 참된 존재는 우리의 불완전한 감각적 세계보다는 이상화된 형식의 세계에 속해 있다. 신플라톤주의 우주학자들에게는, 진실로 존재하는 것은 물체와 에너지로 이루어진 물리적 세계라고 하기보다, 모든 것에 대한 이론(알려지지 않은 것까지 포함한)의 수학적 공식이다. 다른 한편으로 보자면, 모든 우주학자들이 이런 방식을 취하고 있지는 않다. 보다 실용적인 이론가들에게 있어서, 물리학 법칙은 단순히 그들의 용도를 위해 존재하는 데서 중요성을 찾을 수 있는 단정히 정리된 기술(記述)에 불과하다.

초대칭 이론이라든가 선형 이론, 혹은 심지어 이 두 가지를 조합한 초선형 이론이라는 것까지 포함하여 여러 가지 생소한 개념들이 나서서 존재 일반을 설명하려는 시도들이 줄곧 있어 왔다. 초선형 이론에 있어서는, 입자들은 전혀 입자들로서 취급받지 않고, 선이라고 불리는 일차원적 실재 속에서 진동하는 존재이다. 다양한 양상의 선 고리의 진동은 다양한 입자들에 비유된다. 선들은 열 내지 스물여섯의 차원의 공간에 머물고 있다. 우리의 공간-시간은 단지 사차원(3개의 공간과 하나의 시간)을 갖고 있는 까닭에 별도의 차원들은 숨어 있을 것이 틀림없다. 어쩌면 그것들은 아주 자그마하게 싸여 있어서 눈에 관찰되지 않는지도 모른다. 이 개념은 1980년대에 많은 사람들을 흥분시켰다가, 복잡한 다중 차원의 물체들을 취급하는 기술적 복잡함으로 인해 유행의 바람에서 벗어났다. 보다 최근 들어서는 이 개념이 부활의 시기라고 할 만한 것을 거치게 되었는데, 그것은 선의 개념을 높은 차원의 물체를 뜻하는 '맴브래인(幕)' 이라는 용어에서 이름을 따온 '브래인' 으로 일반화시킨 것이다. 여기서 실현된 것은 사실 이러한 종류의 모든 접근을 표현하는 단일 이론('M 이론')이었다. 이것은 멋진 생각이긴 했지만 상대적으로 미개발된 것이었다. 아직까지 선형 이론은 우주론에 영향을 끼쳤던 어떤 분명한 예측도 만들어 내지 못했다. 이러한 접근에의 열망이 실제로 실현될 수 있을 지금까지의 통합 이론보다도 더욱 큰 통합 이론을 만나게 될지 아닐지, 그에 대한 기대만이 남아 있다.

　모든 것의 이론을 향한 탐구는 또 한편으로 흥미로운 철학적 질문들을 일으켜 세운다. 호킹을 비롯한 몇몇 물리학자들은 모든 것의 이론을 구축하는 일을 어떤 면에서 신의 마음을 읽는 바와 같은 것으로 받아들였으며, 아니면 적어도 물리적 실재의 내부의 비밀을 풀어 밝히는 일로 여겼다. 다른 이들은 단순히 물리학적 이론이란 현실을 **표현한** 지도 같은 것이라고 주장했다. 이론은 예측을 하고 관찰과 실험의 결과를 이해하는 데 있어서는 도움이 되는 것이지만, 그 이상은 아무것도 아니다. 전자기성과 약한 핵 상호 작용을 위한 것으로 우리는 중력에 관한 다른 지도를 이용한다. 이것은 부담스럽기는 하지만 난처한 장애는 아니다. 모든 것의 이론은 사람들이 모든 다양한 상황에서 쓸 수 있는 서로 다른 내용이라기보다 단순한 하나의 지도라고 할 것이다. 이러한 후자의 철학이 실용주의이다. 우리는 우리가 이용하는 지도와 같은 이유로 이론을 이용한다. 왜냐하면 그것들이 유용하기 때문이다. 유명한 런던 지하 지도는 확실히 유용하다. 그러나 이것이 물리적 현실을 특별히 정확하게 표현한 것은 아니다. 그럴 필요까지도 없다.

　어느 경우이건, 모든 것의 이론에 의해 풍부해진 팽창의 성격에 대해 근심하지 않으면 안 될 것이다. 왜 모든 것의 이론은 이름대로라면 다른 이론이 될 수는 없는가? 이것을 설명할 방법을 찾는 것이다. 필자의 생각에 이것이야말로 모든 문제들 중에서도 가장 큰 문제이다. 양자 이론이 자체의 특성상 비결정적임에도 양자역학에 기초한 여타 이론은 아무튼 완성될 수 있을까? 게다가 수학 논리의 발전은 완전하게 자기 충족적인 이론의 능력에 의심을 던졌다. 논리학자 쿠르트 괴델은 불완전 이론이라는 것을 입증하였는데, 어떠한 수학적 이론일지라도 언제나 이론 안에서는 입증하지 못할 내용을 담고 있다는 사실을 보여 주었다.

인류사적 원리

우주론은 언제나 우주를 이해하려 애쓰고 관계를 모색했던 인류의 시도에 관한 것이었다. 과학적 우주론이 진화하면서, 인간의 역할은 줄어들었다. 우주가 어떤 것을 채울 목적으로 만들어졌건간에, 우리의 존재는 우연적이고 비계획적이며 부차적인 것으로 드러난다. 이러한 해석은 최근 들어 인류사적 원리라고 일컫는 주장에 의해 도전을 받았다. 이것은 생명의 존재와 우주의 진화를 관장하는 기본적 물리학 사이에 깊은 유대가 있다는 것이다. 보통 사용해 오던 '우주론 원리'라는 용어에다 '인류사'라는 용어를 처음으로 덧붙여서 제시했던 사람은 브랜던 카터였다. 그는 우리의 우주가 자신의 내부에 지성적인 생명을 허락하였다는 점에서, 적어도 '특별한' 존재라는 사실을 강조하기 위해서 그랬던 것이다.

대개 일정한 유형에 익숙한 관측자의 시야에서 벗어나 있는, 별개의 활발한 우주 모형들이 있다. 예를 들면 우리는 탄소와 산소 같은 무거운 성분들이 지상의 생명이 지속적으로 발전하는 데 필요한, 그야말로 복잡한 화학에 필수 불가결한 존재라는 것을 알고 있다. 빅뱅의 가장 초기 단계에 존재했었던 원시적인 수소 가스와 헬륨 가스로부터 이같은 중요한 요소들의 수량을 합성하는 데는 어림잡아도 별의 한 세대에 속하는 1백억 년이 걸린다. 그러므로 우리는 1백억 년 보다 젊은 별에서는 살 수 없다는 사실을 알고 있다. 우주가 팽창하고 있다면, 크기는 나이에 달려 있을 것이기에, 이러한 선상(線上)에서의 이해가 우주의 현재 크기를 밝혀 주는 빛이 되어 줄 수 있다. 우주가 이처럼 커져야만 했던 것은 그 안에 인간과 함께 진화했던 시간이 있었기 때문이다. 이러한 유형의 이해를 보통 '약한' 인류사적 원리라고 일컬으며, 이것은 인간이 현전함으로써 우주가 가지게 되었을 나름의 특성에 관해 유용한 고찰을 하게끔 이끈다.

어떤 우주학자들은 인류사적 원리를 심원한 사유의 바다로 확장하고자 했다. 약한 원리가 우주의 현재의 나이와 밀도와 온도 같은 물리적 특성을 대상으로 한다면, '강한' 인류사적 원리는 이러한 특성들이 진화를 거듭하는 물리적 법칙을 대상으로 한다. 이러한 기본적인 법칙들은 매우 섬세하고 정교하게 복잡한 화학에 연결되어 있어서, 순차적으로 생물학을 발전시키고 궁극적으로는 인간의 생명을 존속하게 만든다. 전자기학 법칙과 물리학이 단지 외견상 다른 것에 불과하다면 화학과 생물학은 불가능할 것이다. 외관상으로 볼 때, 자연의 법칙이 이러한 방식으로 조정되어 있듯이 나타나는 것은 우연의 일치인 것 같다. 기본적인 물리학에 대한 지금의 이해로서는 그 법칙들이 딱히 이런 식으로 전도되는 이유를 알지 못한다. 이것은 그러므로 우리가 풀어야 할 숙제 같은 것이다.

강한 인류사적 원리에 관한 해석 중에서 주된 것의 하나는 기본적으로 의도에 관한 논쟁이다. 물리학 법칙은 생명을 진전시키기 위해서 그렇게 존재**해야만 하기** 때문에 존재한다. 이것은 생명의 존재가 그 자체로서 자연의 법칙이라는 사실을 말하는 것에 상응하는 것이며, 보다 친숙한 물리학의 법칙들이 이 사실에 부응한다. 이런 종류의 인식은 마음의 종교적 틀에 호소한다. 하지만 실질적인 상태에선 과학자들에게 곧바로 논쟁거리가 되는데, 그들은 우주가 특별히 인간의 삶에 적응하기 위해 고안되었다고 주장한다.

대체적이고, 어쩌면 좀더 과학적인, 강한 인류사적 원리를 구축하는 일은 우리의 우주가 별개의 작은 우주들을 거느리고 있다는 개념에서 이루어진다. 작은 우주들은 각자가 서로 다른 물리학 법칙들을 가진다. 이것이 아마도 통합된 이론으로부터 나타나는 내용일 것이다. 통합된 이론 안에서는 높은 에너지 대칭이 다양한 방식으로, 다양한 잔해로 무너진다. 분명히 우리는 화학적·생물학적 기관들의 발달을 도모하는 작은 우주들 중의 하나에서 진화했을 것이다. 그러므로 우리는 기저에 물리학 법칙의 각별한 특질을 가진 존재의 하나로서 등장한다고 해서 놀랄 것은 못된다. 이것은 위에서 언급했던 자연의 법칙의 뚜렷하게 놀라운 특성을 어느 정도 설명해 줄 것이다. 이것은 의도로부터 나온 주장이 아니다. 왜냐하면 물리학의 법칙은 작은 우주에서 작은 우주로 우연하게 변화를 거듭할 수 있는 까닭이다.

인류사적 원리는 분명 논쟁의 여지가 많다. 그것은 적어도 '어떻게'와 '왜' 사이의 구별을 가르쳐 준다. 우주가 **왜** 지금의 모습으로 있는지 우주론이 설명할 수 있을 때까지 기다림만이 남아 있다. 하지만 우리는 분명 **무엇이 어떻게** 일어났는지를 알기 위한 바람으로 먼 길을 걸어왔던 것이 사실이다.

맺음말

우주론은 여러 면에서 토론과학과 유사하다. 우주학자들이나 토론과학자들은 당시와는 다른 조건에서 지나간 사건을 다시 창조하는, 대부분의 과학자들이 해내는 실험을 할 수 없다. 단 하나의 우주가 있고, 단 하나의 범죄 장면이 있다. 이 두 장소에서 구할 수 있는 증거들은 흔히 주변 환경의 여건에 달려 있고, 수집하기 힘들며, 해석의 모호함으로 열려 있다. 이러한 어려움에도 불구하고, 필자의 생각으로는 빅뱅에 관련된 내용들은 모든 온당한 의심들을 넘어서서 입증되었다.

물론 중요한 질문들이 풀리지 않은 채로 남아 있다. 우리는 여전히 우주 안에 존재하는 대부분의 물체의 형태를 알지 못한다. 우주가 유한한 것인지, 무한한 것인지 우리는 모른다. 우주가 어떻게 시작되었는지, 팽창이 정말 일어났는지 우리는 모른다. 그럼에도 불구하고 이론과 관찰 사이에 일치하는 관점들이 여럿 존재하고, 저마다 놀라운 내용들을 담고 있는 까닭에, 일관된 그림을 완성하는 퍼즐 조각들이 마침내 제자리를 찾아갈 것처럼 보인다. 그리고 이야기가 흘러가듯이, 이것은 유명한 마지막 말들이 될 것이다.

참고 문헌

일반적인 참고 문헌

Coles, P.(ed.) 《새로운 우주론을 향한 루틀리지 동반자 *The Routledge Companion to the New Cosmology*》(London: Taylor & Francis, 2001).

Gribbin, J., 《우주의 동반자 *Companion to the Cosmos*》(London: Orion Books, 1997).

Ridpath, I.(ed.) 《옥스퍼드 천문학 사전 *The Oxford Dictionary of Astonomy*》(Oxford: Oxford University Press, 1997).

제1장 간략한 우주론의 역사

Barrow, J. D., 《세계 안의 세계 *The World Within the World*》(Oxford: Oxford University Press, 1988).

Harrison, E., 《밤의 어둠 *Darkness at Night*》(Cambridge, Mass.: Harvard University Press, 1987).

Hoskin, M.(ed.), 《케임브리지판 천문학 역사 *The Cambridge Illustrated History of Astronomy*》(Cambridge: Cambridge University Press, 1997).

Lightman, A., 《고대의 빛: 변하는 우리 우주 시대의 관점 *Ancient Light: Our Changing View of the Universe*》(Cambridge, Mass.: Harvard University Press, 1991).

North, J., 《폰타나 천문학 & 우주론 역사 *The Fontana History of Astronomy and Cosmoloy*》(London: Fontana, 1994).

제2장 아인슈타인과 그의 이론

Coles, P., 《아인슈타인과 대형 과학의 탄생 *Einstein and the Birth of Big Science*》(Cambridge: Icon Books, 2000).

Pais, A., 《'주는 미묘하시니…': 알베르트 아인슈타인의 과학과 인생 *'Subtle is the Lord…': The Science and the Life of Albert Einstein*》(Oxford: Oxford University Press, 1992).

Thorne, K. S., 《블랙홀과 시간의 굴절 *Black Holes and Time Warps*》(New York: Norton & Co., 1994).

제3장 최초의 원리들

Eddington, A. S., 《물리적 세계의 특성 *The Nature of the Physical World*》(Cambridge: Cambridge University Press, 1928).

Trope, E. A., Frenkel, V. Y., and Chernin. A. D. Alexander A. Friedmann: 《팽창하는 우주를 만든 남자 *The Man who Made the Universe Expand*》(Cambridge: Cambridge University Press, 1993).

제4장 팽창하는 우주

Florence, R., 《완전한 기계: 팔로만 우주 망원경 제작 *The Perfect Machine: Building the Palomar Telescope*》(New York: HarperCollins, 1994).

Graham-Smith, F., and Lovell, B., 《우주의 통로 *Pathways to the Univers*》(Cambridge: Cambridge University Press, 1988).

Hubble, E., 《성운의 영역 *The Realm of the Nebulae*》(Newhaven: Yale University Press, 1936).

Preston, R., 《최초의 빛: 우주의 끝을 찾아서 *First Light: The Search for the Edge of the Universe*》(New York: Random House, 1996).

제5장 대폭발

Barrow, J. D., and Silk, J., 《창조의 왼손 *The Left Hand of Creation*》(New York: Basic Books, 1983).

Close, F., 《우주의 양파 *The Cosmic Onion*》(London: Heinemann, 1983).

Davis, P. C. W., 《자연의 힘 *The Forces of Nature*》(Cambridge: Cambridge University Press, 1979).

Pagels, H. R., 《완벽한 대칭 *Perfect Symmetry*》(Harmondsworth: Penguin Books, 1992).

Silk, J., 《빅뱅 *The Big Bang*》, rev. and updated edn.(New York: W. H. Freeman & Co., 1989).

Weinberg, S., 《최초의 3분간 *The First Three Minutes*》(London: Fontana, 1983).

제6장 우주의 문제는 무엇인가?

Gribbin, J., and Rees, M. J., 《우주의 재료 *The Stuff of the Universe*》(Harmondsworth: Penguin Books, 1995).

Guth, A. H., 《팽창하는 우주 *The Inflationary Universe*》(New York: Jonathan Cape, 1996).

Krauss, L. M., 《다섯번째의 근본적 실체 *The Fifth Essence*》(New York: Basic Books, 1989).

Livio, M., 《가속하는 우주 *The Accelerating Universe*》(New York: John Wiley & Sons, 2000).

Overbye, D., 《우주의 외로운 마음 *The Lonely Hearts of the Cosmos*》(New York: HarperCollins, 1991).

Rees, M. J., 《단지 여섯 개의 *Just Six Numbers*》(London: Weidenfeld & Nicolson, 1999).

Riordan, M., and Schramm, D., 《창조의 그림자 *The Shadows of Creation*》(Oxford: Oxford University Press, 1993).

제7장 우주의 구조

Chown, M., 《창조의 저녁놀 *The Afterglow of Creation*》(London: Arrow Books, 1993).

Cornell, J.(ed.) 《시간의 거품 방울, 진공, 충돌: 새로운 우주론 *Bubbles, Voids and Bumps in Time: The New Cosmology*》(Cambridge: Cambridg University Press, 1989).

Smoot, G., and Davidson, K., 《시간의 주름 *Wrinkles in Time*》(New York: Avon Books, 1993).

제8장 모든 존재의 이론?

Barrow, J. D., 《모든 것의 이론 *Theories of Everything*》(Oxford: Oxford University Press, 1991).

──── 《하늘의 Pi *Pi in the Sky*》(Oxford: Oxford University Press, 1992).

──── 《우주의 기원 *The Origin of the Universe*》(London: Orion Books, 1995).

Coles, P., 《호킹과 신의 마음 *Hawking and the Mind of God*》(Cambridge: Icon Books, 2000).

Hawking, S. W., 《간략한 시간의 역사 *A Brief History of Time*》(New York: Bantam Books, 1988).

Lidsey, J. E., 《비거 뱅 *The Bigger Bang*》(Cambridge: Cambridge University Press, 2000).

역자 후기

어린 시절에 밤하늘만큼 낯설고 경이로웠던 것은 없었다. 그해 여름밤 우리는 부드러운 바람의 냄새를 맡으며 물었다. "저 별에는 누가 살고 있을까?" "우주의 끝은 어디일까?" 우주론은 그렇게 우리에게 다가왔었다. 그리고는 오랜 세월 후에 작은 책 앞에 앉아서 노란 달을 올려다보고 빙긋 웃었던 그 소년을 돌아본다. 어느것 하나 가진 것 없었던 그 시절처럼 변함 없이 광활한 동경 아래서 속속들이 벗겨진 내 자신을 바라본다.

"우주론의 원리라는 용어가 거창하게 들리긴 해도." 피터 코올즈가 책을 써가는 방식이다. 저자는 고대의 신화와 그리스, 문예부흥기에 있어서의 우주론 태동, 뉴턴에서 아인슈타인으로 이어지는 근대적 우주론의 형성, 그 절정이라고 할 수 있는 빅뱅과 블랙홀, 그리고 우주론을 보완하는 인류사적 우주론에 이르기까지 제한된 총서의 지면 안에서 그야말로 간략하게 정리하였다. 인용된 언어들은 충분히 이해할 만한 것들이다. 발달된 컴퓨터 이미지들로 인해, 우리는 은하의 충돌이나 빅뱅·블랙홀과 같은 장관에 꽤 익숙해 있다. 이 작은 책은 그러한 화려한 광경의 이면에서 우리가 잊고 있었던 것들을 보여 준다. 그것들이 불과 얼마 전까지만 해도 부족한 자료와 기구, 전쟁과 가난, 정치적 소용돌이 속에서 고독한 연구를 거듭했던 수많은 연구자들의 결실이라는 것. 물리학사에서 가장 유명한 공식조차도 그것의 초석이 되었던 공식을 만들어 놓고 역사의 뒤안길로 사라졌던 사람들이 있었다. 한 점으로 요약되는 빅뱅 우주론은 당장에 과학과 철학과 종교를 아우르는 인류의 중심 주제인 단일성의 문제를 제기한다. 그런가 하면 우주는 한순간 수소로 가득한 자신의 황폐함과 텅 빈 허공 혹은 외로움을 드러내기도 한다. 코올즈는 우주가 몇 개의 공식으로 요약된다 할지라도, 그것이 과연 인간에게 어떤 의미를 가지고 있을까? 하는 지극히 정직한 의문을 제기한다. 여기에 보완하는 원리로서, 인류를 위해 우주가 움직인다는 인류사적 우주론이 대두하고 있다는 것을 설명하고 있다.

피터 코올즈가 '호킹과 신의 마음'과 같은 책을 썼다는 사실을 유념할

필요가 있다. 그것은 과학에 국한되지 않은 인간 현실에 대한 포괄적인
이해를 말해 준다. 어쩌면 그가 갖고 있는 문학적인 감수성까지 이 짧은
책에서 어떤 식으로 표현되고 있는지를 기대해 볼 필요가 있다. 신화로
넘쳐나는 세상에서, 때로는 인간의 비극적 현실을 슬쩍 드러내고 지나가
는 것만큼 극적인 것도 없다.

2003년 12월　송형석

송형석
강원도 춘천 출생
광운대학교 응용전자공학과 졸업
한국 외국어대학교 서양어대학 불문과 졸업
역서: 잭 히긴스, 《악마의 손길》(1992, 고려원 미디어)
피터 벤츨리, 《버뮤다의 공포》(1992, 고려원)
노먼 슈워츠코프, 《영웅은 필요없다》(1993, 성훈 출판사)

현대신서
70

우주론이란 무엇인가

초판 발행 : 2003년 12월 20일

지은이 : 피터 코올즈
옮긴이 : 송형석
총편집 : 韓仁淑
펴낸곳 : 東文選

제10-64호, 78. 12. 16 등록
110-300 서울 종로구 관훈동 74
전화 : 737-2795

편집설계 : 朴 月 · 李惠允

ISBN 89-8038-159-X 94440
ISBN 89-8038-050-X (현대신서)